"十三五"普通高等教育应用型本科院校重点建设系列规划教材

电气工程及其自动化
实验教程

主编　许明清

北京理工大学出版社
BEIJING INSTITUTE OF TECHNOLOGY PRESS

内容简介

本书是一本实验课教材，主要介绍了自动控制原理、电机与拖动基础、电力电子技术、电力系统稳态分析、供电工程、继电保护等电气工程及其自动化实验课程、实习实训课程的基本方法、测试手段和实验内容，基本涵盖了电气工程及其自动化专业基础及专业课最常用的实验。本书的实验内容与理论教学联系紧密，有利于学生增加对相关课程的学习兴趣及对理论知识的理解，每门课程还设置了综合设计型实验，注重提高学生的动手能力、分析问题及解决问题的能力。

本书可作为高等院校电气工程及其自动化类专业课程的配套实验课教材，也可作为自动化技术方面工程技术人员的参考用书。

图书在版编目（CIP）数据

电气工程及其自动化实验教程 / 许明清主编．—北京：北京理工大学出版社，2019.10
ISBN 978-7-5682-7621-4

Ⅰ.①电…　Ⅱ.①许…　Ⅲ.①电气工程—实验—高等学校—教材②自动化技术—实验—高等学校—教材　Ⅳ.①TM-33②TP2-33

中国版本图书馆 CIP 数据核字（2019）第 210608 号

出版发行 / 北京理工大学出版社有限责任公司
社　　址 / 北京市海淀区中关村南大街 5 号
邮　　编 / 100081
电　　话 / （010）68914775（总编室）
（010）82562903（教材售后服务热线）
（010）68948351（其他图书服务热线）
网　　址 / http：//www.bitpress.com.cn
经　　销 / 全国各地新华书店
印　　刷 / 三河市天利华印刷装订有限公司
开　　本 / 787 毫米×1092 毫米　1/16
印　　张 / 11.5
字　　数 / 270 千字
版　　次 / 2019 年 10 月第 1 版　2019 年 10 月第 1 次印刷
定　　价 / 32.00 元

责任编辑 / 陈莉华
文案编辑 / 陈莉华
责任校对 / 周瑞红
责任印制 / 李志强

图书出现印装质量问题，请拨打售后服务热线，本社负责调换

前　言

近年来，我国政府逐步引导部分本科高校向应用型转变，这就需要这些大学重视社会服务职能，以服务经济社会发展需求为导向，以培养应用型人才为目标，培养大批具有创新精神和创业能力的高素质应用型人才，本书正是一本符合应用型人才培养的教材。内容上注重学术专业知识、专业技能的培养和训练，强调与一线生产实践的结合，更加重视实践性教学环节，如实验教学、专业实习等，以此作为学生贯通有关专业知识和集合有关专业技能的重要教学活动。

本书共6章，内容包括自动控制原理、电机与拖动基础、电力电子技术、电力系统稳态分析、供电工程、继电保护等电气工程及其自动化实验课程、实习实训课程的基本方法、测试手段和实验内容，基本涵盖了电气工程及其自动化专业基础及专业课最常用的实验。

本书由许明清主编，各章节撰写人员如下：张公永编写第一、二章，高联学编写第三、四章，周宣征编写第五、六章。全书由许明清统稿。另外，在编写书稿的过程中参考了浙江天煌科技实业有限公司、浙江求是科教设备有限公司等提供的相关资料，在此一并表示感谢！

由于编者水平有限，书中难免存在一些疏漏及不足之处，恳请读者批评指正。

编　者

前言

目　录

第一章　自动控制原理实验

实验一

典型环节的电路模拟实验

一、实验目的

(1)熟悉 THKKL－6 型控制理论及计算机控制技术实验箱,以及“THKKL－6”软件的使用。

(2)熟悉各典型环节的阶跃响应特性及其电路模拟。

(3)测量各典型环节的阶跃响应曲线,并了解参数变化对其动态特性的影响。

二、实验内容

(1)设计并组建各典型环节的模拟电路。

(2)测量各典型环节的阶跃响应,并研究参数变化对其输出响应的影响。

三、实验原理

自控系统是由比例、积分、微分、惯性等环节按一定的关系组建而成的。熟悉这些典型环节的结构及其对阶跃输入的响应,将对系统的设计和分析十分有益。

本实验中的典型环节都是以运放为核心元件构成,其原理框图如图 1-1 所示。图中 Z_1 和 Z_2 表示由 R、C 构成的复数阻抗。

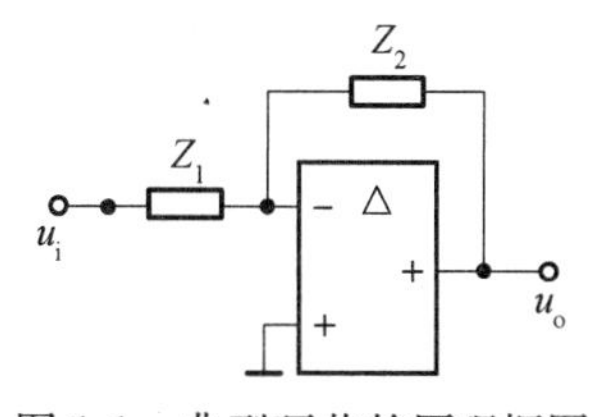

图 1-1　典型环节的原理框图

1. 比例(P)环节

比例环节的特点是输出不失真、不延迟、成比例地复现输出信号的变化。它的传递函数为:

$$G(s)=\frac{U_o(s)}{U_i(s)}=K$$

比例环节的原理框图如图 1-2 所示。

当 $U_i(s)$ 输入端输入一个单位阶跃信号,且比例系数为 K 时的响应曲线如图 1-3 所示。

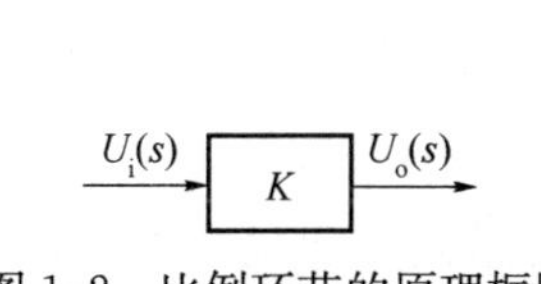

图 1-2　比例环节的原理框图

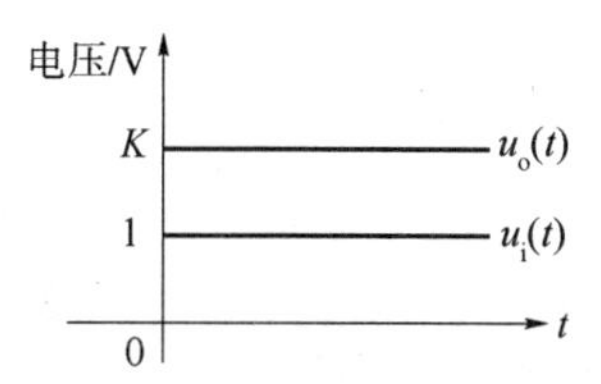

图 1-3　比例环节的响应曲线

2. 积分(I)环节

积分环节的输出量与其输入量对时间的积分成正比。它的传递函数为

$$G(s)=\frac{U_o(s)}{U_i(s)}=\frac{1}{Ts}$$

积分环节的原理框图如图 1-4 所示。

设 $U_i(s)$ 为一单位阶跃信号，当积分系数为 T 时的响应曲线如图 1-5 所示。

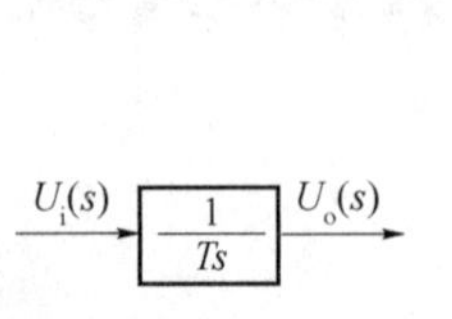

图 1-4 积分环节的原理框图

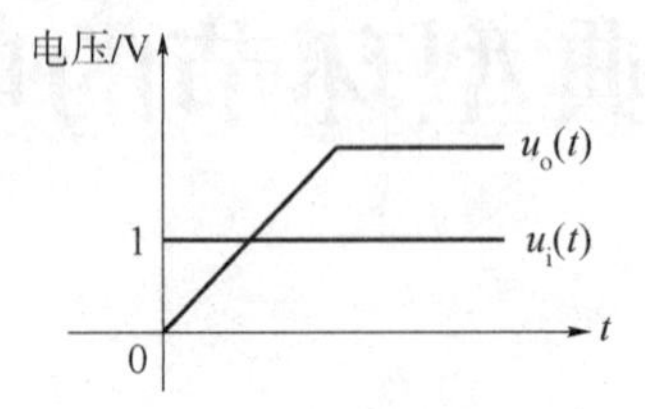

图 1-5 积分环节的响应曲线

3. 比例积分(PI)环节

比例积分环节的传递函数为

$$G(s)=\frac{U_o(s)}{U_i(s)}=\frac{R_2Cs+1}{R_1Cs}=\frac{R_2}{R_1}+\frac{1}{R_1Cs}=\frac{R_2}{R_1}\left(1+\frac{1}{R_2Cs}\right) \tag{1-1}$$

其中：$T=R_2C$，$K=R_2/R_1$。

比例积分环节的原理框图如图 1-6 所示。

设 $U_i(s)$ 为一单位阶跃信号，图 1-7 示出了比例系数 K 为 1、积分系数为 T 时的 PI 输出响应曲线。

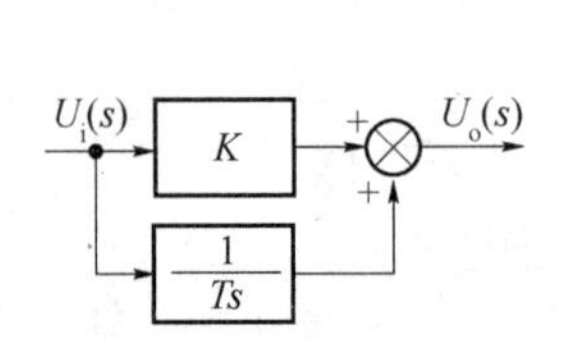

图 1-6 比例积分环节的原理框图

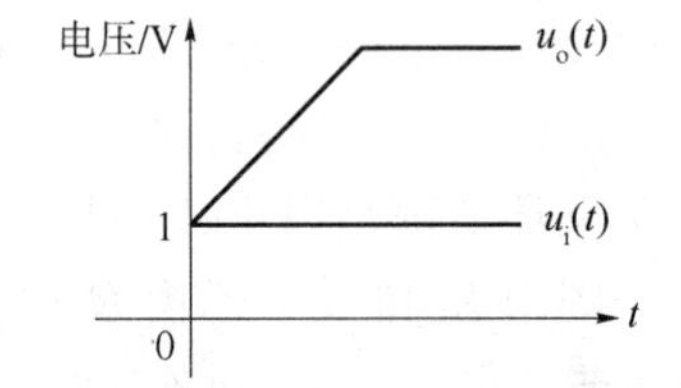

图 1-7 比例积分环节的响应曲线

4. 比例微分(PD)环节

比例微分环节的传递函数为

$$G(s)=K(1+Ts)=\frac{R_2}{R_1}(1+R_1Cs) \tag{1-2}$$

其中：$K=R_2/R_1$，$T=R_1C$。

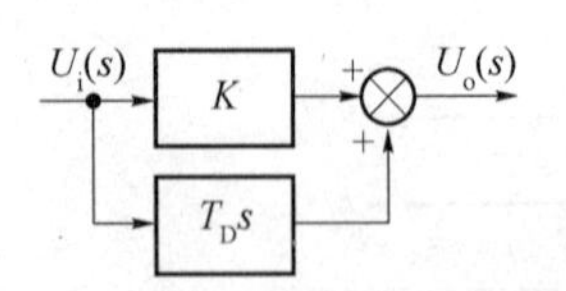

图 1-8 比例微分环节的原理框图

比例微分环节的原理框图如图 1-8 所示。

设 $U_i(s)$ 为一单位阶跃信号，图 1-9 示出了比例系数 K 为 2、微分系数为 T 时 PD 的输出响应曲线。

5. 比例积分微分(PID)环节

比例积分微分环节的传递函数为

$$G(s) = K_P + \frac{1}{T_I s} + T_D s$$
$$= \frac{(R_2C_2s+1)(R_1C_1s+1)}{R_1C_2s}$$
$$= \frac{R_2C_2+R_1C_1}{R_1C_2} + \frac{1}{R_1C_2s} + R_2C_1s \qquad (1\text{-}3)$$

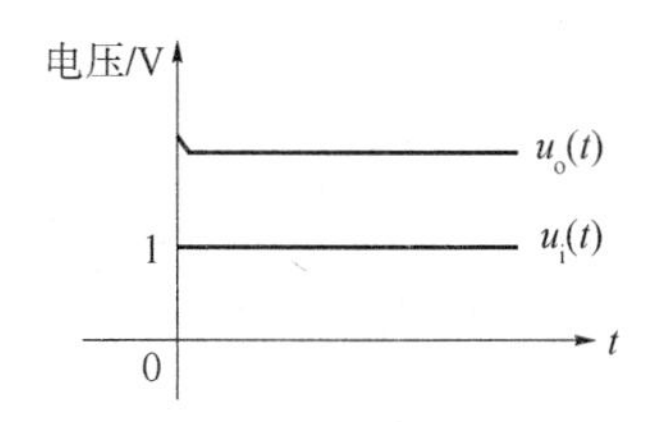

图 1-9　比例微分环节的响应曲线

其中：$K_P = \dfrac{R_1C_1+R_2C_2}{R_1C_2}$，$T_I = R_1C_2$，$T_D = R_2C_1$。

比例积分微分环节的原理框图如图 1-10 所示。

设 $U_i(s)$ 为一单位阶跃信号，图 1-11 示出了比例系数 K 为 1、微分系数为 T_D、积分系数为 T_I 时 PID 的输出。

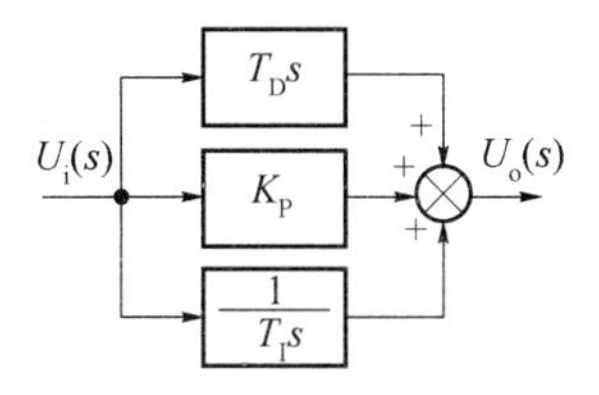

图 1-10　比例积分微分环节原理框图

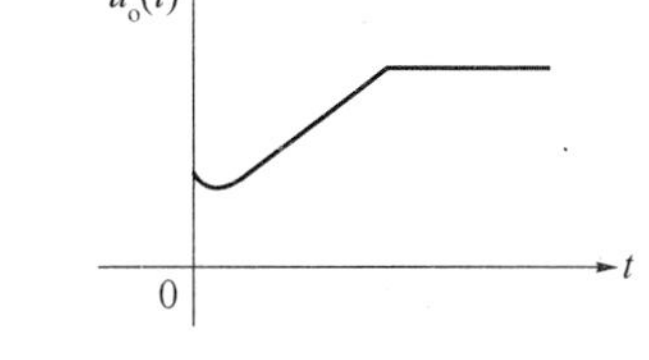

图 1-11　比例积分微分环节的响应曲线

6. 惯性环节

惯性环节的传递函数为

$$G(s) = \frac{U_o(s)}{U_i(s)} = \frac{K}{Ts+1} \qquad (1\text{-}4)$$

惯性环节的原理框图如图 1-12 所示。

当 $U_i(s)$ 输入端输入一个单位阶跃信号，且放大系数 K 为 1、时间常数为 T 时响应曲线如图 1-13 所示。

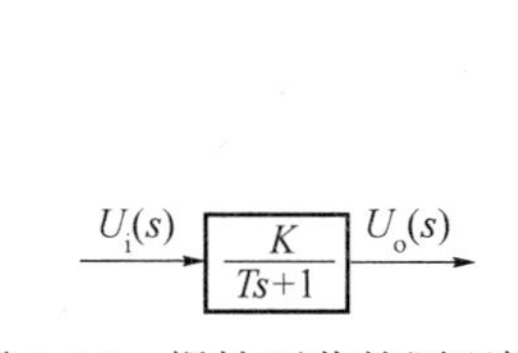

图 1-12　惯性环节的原理框图

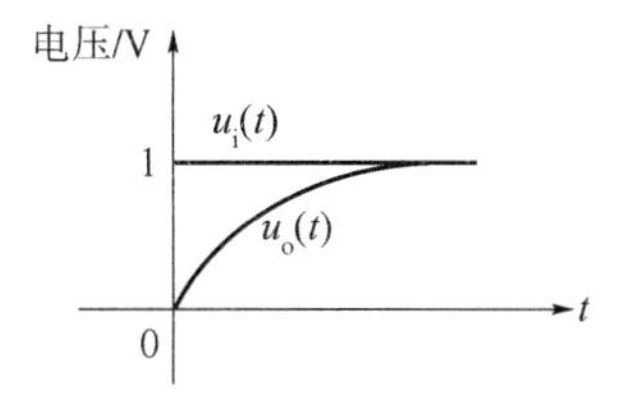

图 1-13　惯性环节的响应曲线

四、实验步骤

1. 比例环节

根据比例环节的框图，选择实验箱上的通用电路单元设计并组建相应的模拟电路，如图 1-14 所示。

图 1-14 中后一个单元为反相器，其中 $R_0 = 200\ \text{k}\Omega$。

若比例系数 $K=1$ 时，电路中的参数取：$R_1 = 100\ \text{k}\Omega$，$R_2 = 100\ \text{k}\Omega$。

若比例系数 $K=2$ 时，电路中的参数取：$R_1 = 100\ \text{k}\Omega$，$R_2 = 200\ \text{k}\Omega$。

当 u_i 为一单位阶跃信号时，用"THKKL－6"软件观测并记录相应 K 值时的实验曲线，并与理论值进行比较。

另外，R_2 还可使用可变电位器，以实现比例系数为任意的设定值。

注：①实验中注意"锁零"按钮和"阶跃"按键的使用，实验时应先弹出"锁零"按钮，然后按下"阶跃"按键，具体可参考"硬件的组成及使用"相关部分。

②为了更好地观测实验曲线，实验时可适当调节软件上的时间轴刻度，以下实验相同。

2. 积分环节

根据积分环节的框图，选择实验箱上的通用电路单元设计并组建相应的模拟电路，如图 1-15 所示。

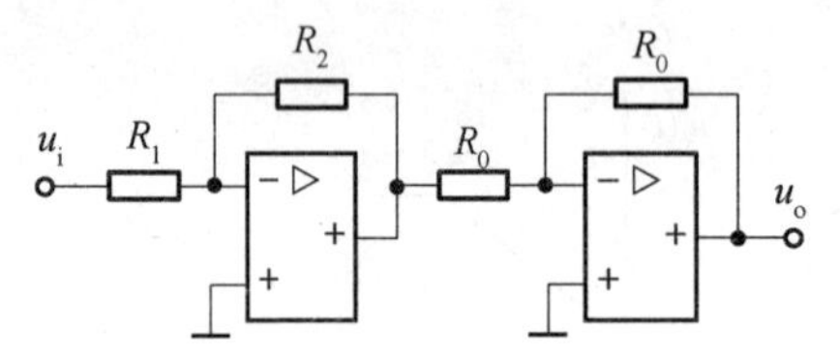

图 1-14　比例环节的模拟电路

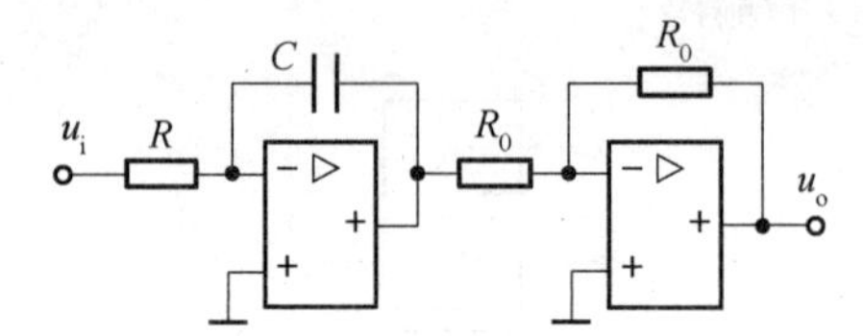

图 1-15　积分环节的模拟电路

图 1-15 中后一个单元为反相器，其中 $R_0=200\ \mathrm{k\Omega}$。

若积分时间常数 $T=1$ s 时，电路中的参数取：$R=100\ \mathrm{k\Omega}$，$C=10\ \mu\mathrm{F}$（$T=RC=100\ \mathrm{k\Omega}\times 10\ \mu\mathrm{F}=1$ s）。

若积分时间常数 $T=0.1$ s 时，电路中的参数取：$R=100\ \mathrm{k\Omega}$，$C=1\ \mu\mathrm{F}$（$T=RC=100\ \mathrm{k\Omega}\times 1\ \mu\mathrm{F}=0.1$ s）。

当 u_i 为单位阶跃信号时，用"THKKL－6"软件观测并记录相应 T 值时的输出响应曲线，并与理论值进行比较。

注：由于实验电路中有积分环节，实验前一定要用"锁零单元"对积分电容进行锁零。

3. 比例积分环节

根据比例积分环节的框图，选择实验箱上的通用电路单元设计并组建相应的模拟电路，如图 1-16 所示。

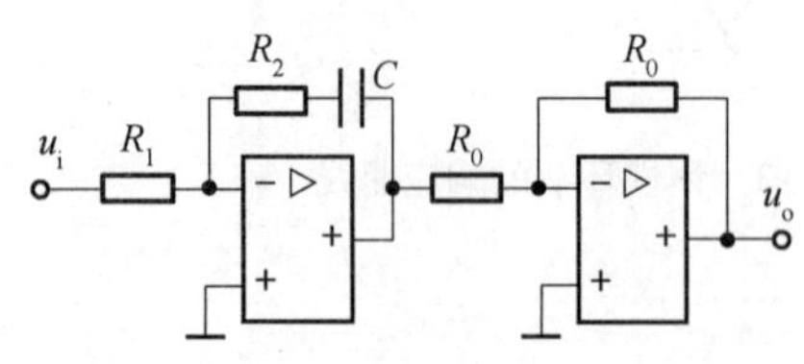

图 1-16　比例积分环节的模拟电路

图 1-16 中后一个单元为反相器，其中 $R_0=200\ \mathrm{k\Omega}$。

若取比例系数 $K=1$、积分时间常数 $T=1$ s 时，电路中的参数取：$R_1=100\ \mathrm{k\Omega}$，$R_2=100\ \mathrm{k\Omega}$，$C=10\ \mu\mathrm{F}$（$K=R_2/R_1=1$，$T=R_2C=100\ \mathrm{k\Omega}\times 10\ \mu\mathrm{F}=1$ s）。

若取比例系数 $K=1$、积分时间常数 $T=0.1$ s 时，电路中的参数取：$R_1=100\ \mathrm{k\Omega}$，$R_2=100\ \mathrm{k\Omega}$，$C=1\ \mu\mathrm{F}$（$K=R_2/R_1=1$，$T=R_2C=100\ \mathrm{k\Omega}\times 1\ \mu\mathrm{F}=0.1$ s）。

注：通过改变 R_2、R_1、C 的值可改变比例积分环节的放大系数 K 和积分时间常数 T。

当 u_i 为单位阶跃信号时，用"THKKL－6"软件观测并记录不同 K 及 T 值时的实验曲线，并与理论值进行比较。

4. 比例微分环节

根据比例微分环节的框图，选择实验箱上的通用电路单元设计并组建其模拟电路，如图 1-17 所示。

图 1-17 中后一个单元为反相器，其中 $R_0=200\ \text{k}\Omega$。

若比例系数 $K=1$、微分时间常数 $T=0.1$ s 时，电路中的参数取：$R_1=100\ \text{k}\Omega$，$R_2=100\ \text{k}\Omega$，$C=1\ \mu\text{F}$（$K=R_2/R_1=1$，$T=R_1C=100\ \text{k}\Omega\times1\ \mu\text{F}=0.1$ s）。

若比例系数 $K=1$、微分时间常数 $T=1$ s 时，电路中的参数取：$R_1=100\ \text{k}\Omega$，$R_2=100\ \text{k}\Omega$，$C=10\ \mu\text{F}$（$K=R_2/R_1=1$，$T=R_1C=100\ \text{k}\Omega\times10\ \mu\text{F}=1$ s）。

当 u_i 为一单位阶跃信号时，用“THKKL－6”软件观测并记录不同 K 及 T 值时的实验曲线，并与理论值进行比较。

5. 比例积分微分环节

根据比例积分微分环节的框图，选择实验箱上的通用电路单元设计并组建其相应的模拟电路，如图 1-18 所示。

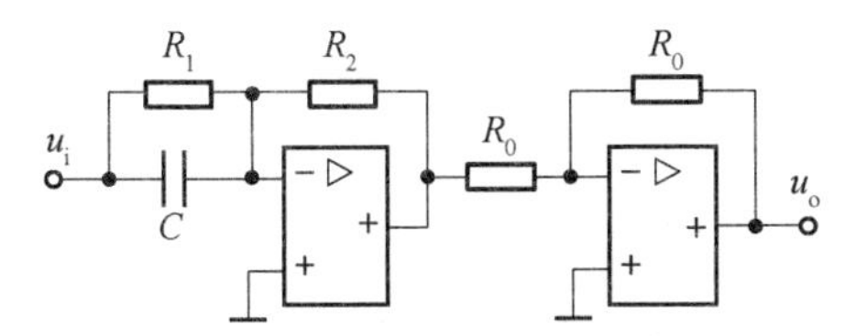

图 1-17　比例微分环节的模拟电路

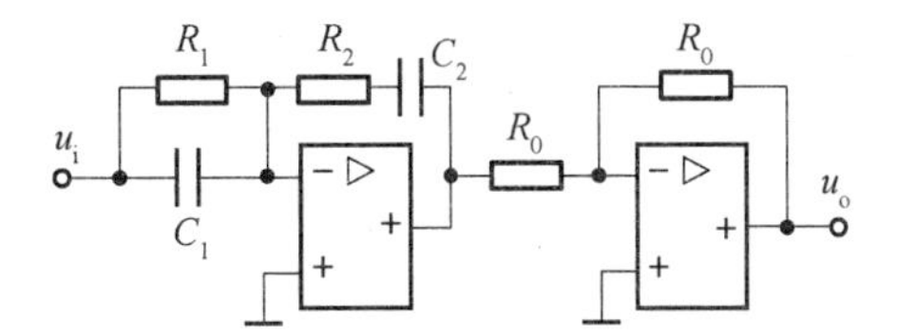

图 1-18　比例积分微分环节的模拟电路

图 1-18 中后一个单元为反相器，其中 $R_0=200\ \text{k}\Omega$。

若比例系数 $K=2$、积分时间常数 $T_I=0.1$ s、微分时间常数 $T_D=0.1$ s 时，电路中的参数取：$R_1=100\ \text{k}\Omega$，$R_2=100\ \text{k}\Omega$，$C_1=1\ \mu\text{F}$，$C_2=1\ \mu\text{F}$（$K=(R_1C_1+R_2C_2)/(R_1C_2)=2$，$T_I=R_1C_2=100\ \text{k}\Omega\times1\ \mu\text{F}=0.1$ s，$T_D=R_2C_1=100\ \text{k}\Omega\times1\ \mu\text{F}=0.1$ s）。

若比例系数 $K=1.1$、积分时间常数 $T_I=1$ s、微分时间常数 $T_D=0.1$ s 时，电路中的参数取：$R_1=100\ \text{k}\Omega$，$R_2=100\ \text{k}\Omega$，$C_1=1\ \mu\text{F}$，$C_2=10\ \mu\text{F}$（$K=(R_1C_1+R_2C_2)/(R_1C_2)=1.1$，$T_I=R_1C_2=100\ \text{k}\Omega\times10\ \mu\text{F}=1$ s，$T_D=R_2C_1=100\ \text{k}\Omega\times1\ \mu\text{F}=0.1$ s）。

当 u_i 为一单位阶跃信号时，用“THKKL－6”软件观测并记录不同 K、T_I、T_D 值时的实验曲线，并与理论值进行比较。

6. 惯性环节

根据惯性环节的框图，选择实验箱上的通用电路单元设计并组建其相应的模拟电路，如图 1-19 所示。

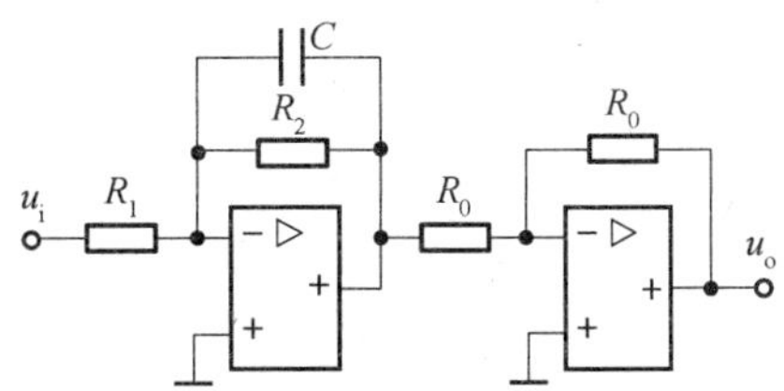

图 1-19　惯性环节的模拟电路

图 1-19 中后一个单元为反相器，其中 $R_0=200\ \text{k}\Omega$。

若比例系数 $K=1$、时间常数 $T=1\ \text{s}$ 时，电路中的参数取：$R_1=100\ \text{k}\Omega$，$R_2=100\ \text{k}\Omega$，$C=10\ \mu\text{F}$（$K=R_2/R_1=1$，$T=R_2C=100\ \text{k}\Omega\times10\ \mu\text{F}=1\ \text{s}$）。

若比例系数 $K=1$、时间常数 $T=0.1\ \text{s}$ 时，电路中的参数取：$R_1=100\ \text{k}\Omega$，$R_2=100\ \text{k}\Omega$，$C=1\ \mu\text{F}$（$K=R_2/R_1=1$，$T=R_2C=100\ \text{k}\Omega\times1\ \mu\text{F}=0.1\ \text{s}$）。

通过改变 R_2、R_1、C 的值可改变惯性环节的放大系数 K 和时间常数 T。

当 u_i 为一单位阶跃信号时，用“THKKL－6”软件观测并记录不同 K 及 T 值时的实验曲线，并与理论值进行比较。

五、实验报告

（1）画出各典型环节的实验电路图，并注明参数。

（2）写出各典型环节的传递函数。

（3）根据测得的典型环节单位阶跃响应曲线，分析参数变化对动态特性的影响。

实验二

二阶系统的瞬态响应实验

一、实验目的

(1)通过实验了解参数 ζ(阻尼比)、ω_n(阻尼自然频率)的变化对二阶系统动态性能的影响。

(2)掌握二阶系统动态性能的测试方法。

二、实验内容

(1)观测二阶系统的阻尼比分别在 $0<\zeta<1$、$\zeta=1$ 和 $\zeta>1$ 三种情况下的单位阶跃响应曲线。

(2)调节二阶系统的开环增益 K,使系统的阻尼比 $\zeta=\dfrac{1}{\sqrt{2}}$,测量此时系统的超调量 δ_p、调节时间 $t_s(\Delta=\pm 0.05)$。

(3)当 ζ 一定时,观测系统在不同 ω_n 时的响应曲线。

三、实验原理

1. 二阶系统的瞬态响应

用二阶常微分方程描述的系统,称为二阶系统。其标准形式的闭环传递函数为

$$\frac{C(s)}{R(s)}=\frac{\omega_n^2}{s^2+2\zeta\omega_n s+\omega_n^2} \tag{1-5}$$

闭环特征方程为

$$s^2+2\zeta\omega_n s+\omega_n^2=0$$

其解为

$$s_{1,2}=-\zeta\omega_n\pm\omega_n\sqrt{\zeta^2-1}$$

针对不同的 ζ 值,特征根会出现下列 3 种情况。

(1)$0<\zeta<1$(欠阻尼),$s_{1,2}=-\zeta\omega_n\pm j\omega_n\sqrt{1-\zeta^2}$。

此时,系统的单位阶跃响应呈振荡衰减形式,其曲线如图 1-20(a)所示。它的数学表达式为

$$C(t) = 1 - \frac{1}{\sqrt{1-\zeta^2}} e^{-\zeta\omega_n t} \sin(\omega_d t + \beta) \tag{1-6}$$

其中：$\omega_d = \omega_n\sqrt{1-\zeta^2}$，$\beta = \arctan\frac{\sqrt{1-\zeta^2}}{\zeta}$。

(2)$\zeta=1$(临界阻尼)，$s_{1,2}=-\omega_n$。

此时，系统的单位阶跃响应是一条单调上升的指数曲线，如图 1-20(b)所示。

(3)$\zeta>1$(过阻尼)，$s_{1,2}=-\zeta\omega_n \pm \omega_n\sqrt{\zeta^2-1}$。

此时系统有两个相异实根，它的单位阶跃响应曲线如图 1-20(c)所示。

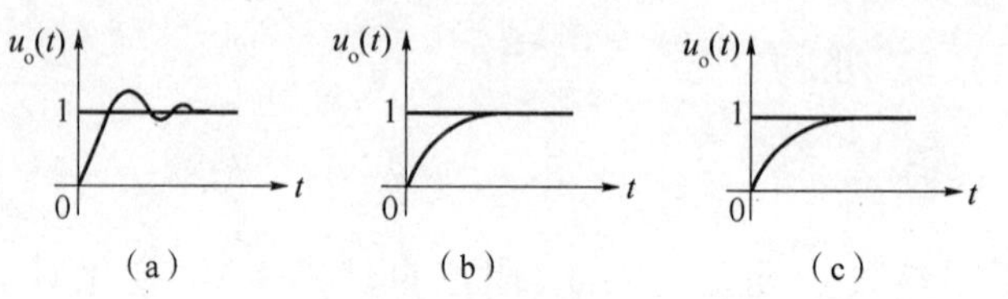

图 1-20　二阶系统的动态响应曲线

(a)欠阻尼($0<\zeta<1$)；(b)临界阻尼($\zeta=1$)；(c)过阻尼($\zeta>1$)

虽然当 $\zeta=1$ 或 $\zeta>1$ 时，系统的阶跃响应无超调产生，但这种响应的动态过程太缓慢，故控制工程上常采用欠阻尼的二阶系统，一般取 $\zeta=0.6\sim0.7$，此时系统的动态响应过程不仅快速，而且超调量也小。

2. 二阶系统的典型结构

典型的二阶系统原理框图和模拟电路如图 1-21、图 1-22 所示。

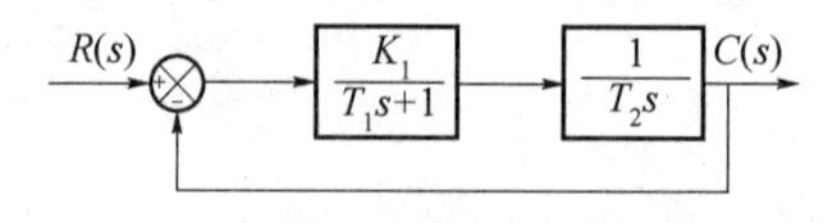

图 1-21　二阶系统原理框图

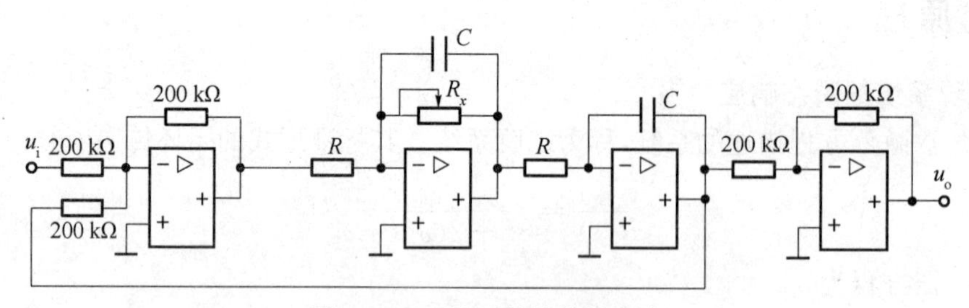

图 1-22　二阶系统的模拟电路

电路参考单元为通用单元 1、通用单元 2、通用单元 3、反相器单元、电位器组。

由图 1-21 可得其开环传递函数为

$$G(s) = \frac{K}{s(T_1 s+1)} \tag{1-7}$$

其中：$K=\frac{K_1}{T_2}$，$K_1=\frac{R_x}{R}$($T_1=R_xC$，$T_2=RC$)。

其闭环传递函数为

$$W(s)=\frac{\frac{K}{T_1}}{s^2+\frac{1}{T_1}s+\frac{K}{T_1}} \tag{1-8}$$

与式(1-7)相比较,可得

$$\omega_n=\sqrt{\frac{K_1}{T_1T_2}}=\frac{1}{RC},\quad \zeta=\frac{1}{2}\sqrt{\frac{T_2}{K_1T_1}}=\frac{R}{2R_x}$$

四、实验步骤

根据图 1-22,选择实验箱上的通用电路单元设计并组建模拟电路。

(1)当 ω_n 值一定时,图 1-22 中取 $C=1\ \mu F$,$R=100\ k\Omega$(此时 $\omega_n=10$),R_x 阻值可调范围为 0～470 kΩ。系统输入一单位阶跃信号,在下列几种情况下,用“THKKL－6”软件观测并记录不同 ζ 值时的实验曲线。

当可调电位器 $R_x=250\ k\Omega$ 时,$\zeta=0.2$,系统处于欠阻尼状态,其超调量为 53%左右。

可调电位器 $R_x=70.7\ k\Omega$ 时,$\zeta=0.707$,系统处于欠阻尼状态,其超调量为 4.3%左右。

若可调电位器 $R_x=50\ k\Omega$ 时,$\zeta=1$,系统处于临界阻尼状态。

若可调电位器 $R_x=25\ k\Omega$ 时,$\zeta=2$,系统处于过阻尼状态。

(2)ζ 值一定时,图 1-22 中取 $R=100\ k\Omega$,$R_x=250\ k\Omega$(此时 $\zeta=0.2$)。系统输入一单位阶跃信号,在下列几种情况下,用“THKKL－6”软件观测并记录不同 ω_n 值时的实验曲线。

若取 $C=10\ \mu F$ 时,$\omega_n=1$。

若取 $C=0.1\ \mu F$(可从无源元件单元中取)时,$\omega_n=100$。

注: 由于实验电路中有积分环节,实验前一定要用“锁零单元”对积分电容进行锁零。

五、实验报告

(1)画出二阶系统线性定常系统的实验电路,并写出闭环传递函数,表明电路中的各参数。

(2)根据测得系统的单位阶跃响应曲线,分析开环增益 K 和时间常数 T 对系统动态性能的影响。

实验三

高阶系统的瞬态响应和稳定性分析实验

一、实验目的

(1)通过实验,进一步理解线性系统的稳定性仅取决于系统本身的结构和参数,与外作用及初始条件均无关的特性。

(2)研究系统的开环增益 K 或其他参数的变化对闭环系统稳定性的影响。

二、实验内容

观测三阶系统的开环增益 K 为不同数值时的阶跃响应曲线。

三、实验原理

三阶系统及三阶以上的系统统称为高阶系统。一个高阶系统的瞬态响应是由一阶和二阶系统的瞬态响应组成的。控制系统能投入实际应用必须首先满足稳定的要求。线性系统稳定的充要条件是其特征方程式的根全部位于 s 平面的左方。应用劳斯判据就可以判别闭环特征方程式的根在 s 平面上的具体分布,从而确定系统是否稳定。

本实验是研究一个三阶系统的稳定性与其参数 K 对系统性能的影响。三阶系统的原理框图和模拟电路如图 1-23、图 1-24 所示。

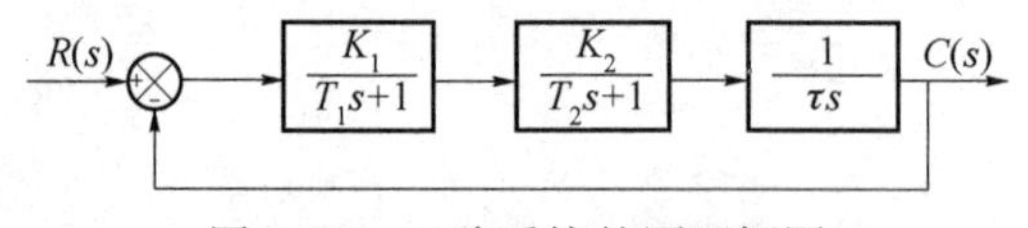

图 1-23　三阶系统的原理框图

电路参考单元为通用单元 1、通用单元 2、通用单元 3、通用单元 4、反相器单元、电位器组。

系统开环传递函数为

$$G(s)=\frac{K}{s(T_1s+1)(T_2s+1)}=\frac{\frac{K_1K_2}{\tau}}{s(0.1s+1)(0.5s+1)} \tag{1-9}$$

其中:$\tau=1\ \mathrm{s}$,$T_1=0.1\ \mathrm{s}$,$T_2=0.5\ \mathrm{s}$,$K=\frac{K_1K_2}{\tau}$,$K_1=1$,$K_2=\frac{510}{R_x}$(其中待定电阻 R_x 的单位为 kΩ),改变 R_x 的阻值,可改变系统的放大系数 K。

由开环传递函数得到系统的特征方程为

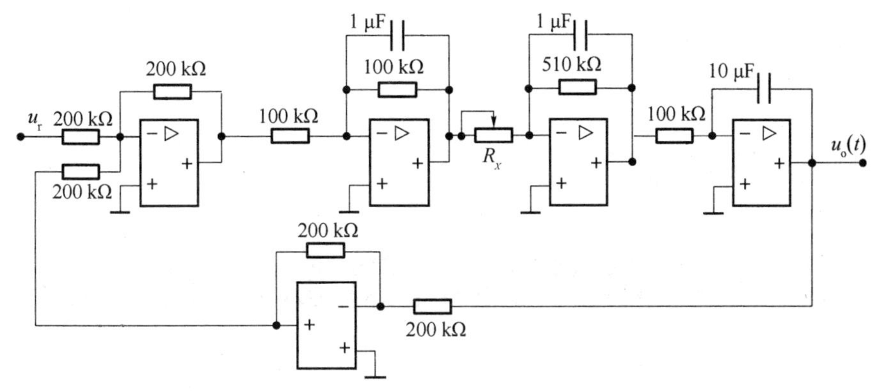

图 1-24　三阶系统的模拟电路

$$s^3+12s^2+20s+20K=0$$

由劳斯判据得

$0<K<12$	系统稳定
$K=12$	系统临界稳定
$K>12$	系统不稳定

其三种状态的不同响应曲线如图 1-25(a)、(b)、(c)所示。

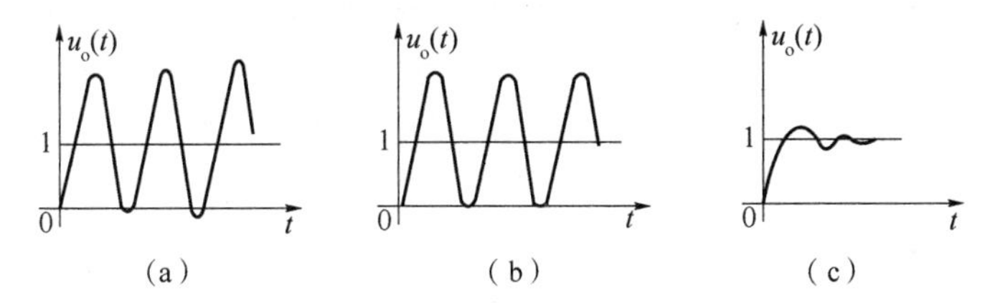

图 1-25　三阶系统在不同放大系数的单位阶跃响应曲线

(a)不稳定;(b)临界;(c)稳定

四、实验步骤

根据图 1-24 所示的三阶系统的模拟电路图，组建该系统的模拟电路。当系统输入一单位阶跃信号时，在下列几种情况下，用上位机软件观测并记录不同 K 值时的实验曲线。

(1)若 $K=5$ 时，系统稳定，此时电路中的 R_x 取 100 kΩ 左右。

(2)若 $K=12$ 时，系统处于临界状态，此时电路中的 R_x 取 42.5 kΩ 左右(实际值为 47 kΩ 左右)。

(3)若 $K=20$ 时，系统不稳定，此时电路中的 R_x 取 25 kΩ 左右。

五、实验报告

(1)画出三阶系统线性定常系统的实验电路，并写出其闭环传递函数，表明电路中的各参数。

(2)根据测得的系统单位阶跃响应曲线，分析开环增益对系统动态特性及稳定性的影响。

实验四

线性定常系统的稳态误差实验

一、实验目的

(1)通过本实验,理解系统的跟踪误差与其结构、参数、输入信号的形式、幅值大小之间的关系。

(2)研究系统的开环增益 K 对稳态误差的影响。

二、实验内容

(1)观测 0 型二阶系统的单位阶跃响应和单位斜坡响应,并实测它们的稳态误差。

(2)观测Ⅰ型二阶系统的单位阶跃响应和单位斜坡响应,并实测它们的稳态误差。

(3)观测Ⅱ型二阶系统的单位斜坡响应和单位抛物波响应,并实测它们的稳态误差。

三、实验原理

控制系统的原理框图如图 1-26 所示。其中 $G(s)$为系统前向通道的传递函数,$H(s)$为其反馈通道的传递函数。

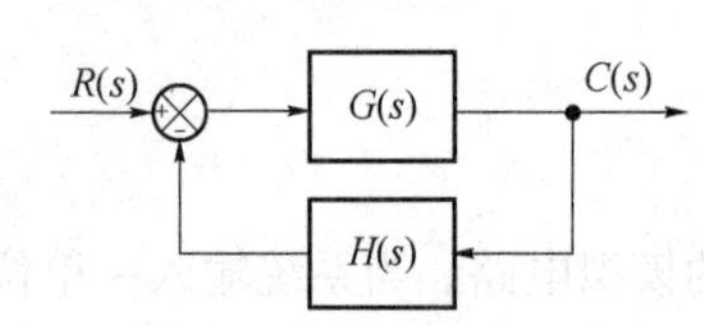

图 1-26　控制系统原理框图

由图 1-26 求得

$$E(s)=\frac{1}{1+G(s)H(s)}R(s) \tag{1-10}$$

由式(1-10)可知,系统的误差 $E(s)$不仅与其结构和参数有关,而且与输入信号 $R(s)$的形式和大小有关。如果系统稳定,且误差的终值存在,则可用下列终值定理求取系统的稳态误差,即

$$e_{ss}=\lim_{s\to 0}sE(s) \tag{1-11}$$

本实验就是研究系统的稳态误差与上述因素间的关系。下面叙述 0 型、Ⅰ型、Ⅱ型系统对 3 种不同输入信号所产生的稳态误差 e_{ss}。

1. 0 型二阶系统

设 0 型二阶系统的原理框图如图 1-27 所示。计算出该系统对阶跃和斜坡输入时的稳态误差。

(1)单位阶跃输入$\left(R(s)=\frac{1}{s}\right)$：

$$e_{ss}=\lim_{s\to 0}s\times\frac{(1+0.2s)(1+0.1s)}{(1+0.2s)(1+0.1s)+2}\times\frac{1}{s}=\frac{1}{3} \tag{1-12}$$

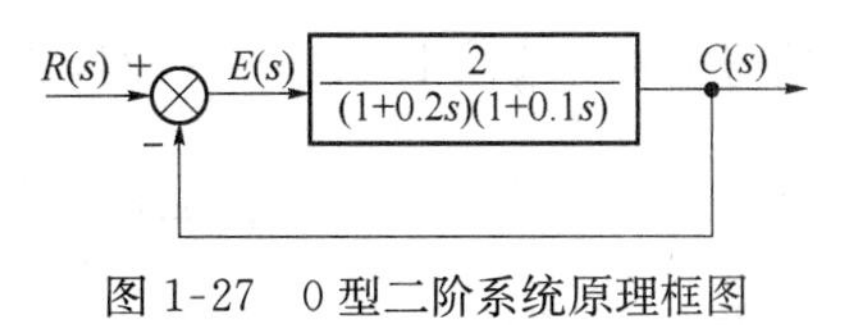

图 1-27　0 型二阶系统原理框图

(2)单位斜坡输入$\left(R(s)=\frac{1}{s^2}\right)$：

$$e_{ss}=\lim_{s\to 0}s\times\frac{(1+0.2s)(1+0.1s)}{(1+0.2s)(1+0.1s)+2}\times\frac{1}{s^2}=\infty \tag{1-13}$$

上述结果表明，0 型系统只能跟踪阶跃输入，但有稳态误差存在，其计算公式为

$$e_{ss}=\frac{R_0}{1+K_P}$$

式中：$K_P\approx\lim_{s\to 0}G(s)H(s)$；$R_0$为阶跃信号的幅值。其理论曲线如图 1-28(a)、(b)所示。

2. Ⅰ型二阶系统

设图 1-29 所示为Ⅰ型二阶系统的原理框图。

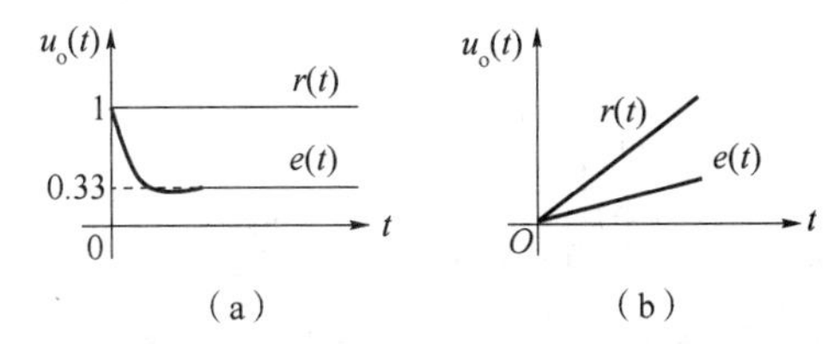

图 1-28　0 型二阶系统稳态误差响应曲线

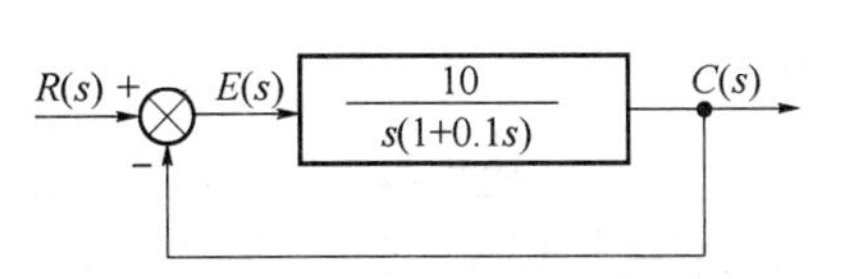

图 1-29　Ⅰ型二阶系统原理框图

(1)单位阶跃输入为

$$E(s)=\frac{1}{1+G(s)}R(s)=\frac{s(1+0.1s)}{s(1+0.1s)+10}\times\frac{1}{s} \tag{1-14}$$

$$e_{ss}=\lim_{s\to 0}s\times\frac{s(1+0.1s)}{s(1+0.1s)+10}\times\frac{1}{s}=0 \tag{1-15}$$

(2)单位斜坡输入为

$$e_{ss}=\lim_{s\to 0}s\times\frac{s(1+0.1s)}{s(1+0.1s)+10}\times\frac{1}{s^2}=0.1 \tag{1-16}$$

这表明Ⅰ型系统的输出信号完全能跟踪阶跃输入信号，在稳态时其误差为零。对于单位斜坡信号输入，该系统的输出也能跟踪输入信号的变化，且在稳态时两者的速度相等(即 $\dot{u}_r=\dot{u}_o=1$)，但有位置误差存在时，其值为$\frac{V_O}{K_v}$，其中 $K_v=\lim_{s\to 0}sG(s)H(s)$，$V_O$ 为斜坡信号对时间的变化率。其理论曲线如图 1-30(a)和图 1-30(b)所示。

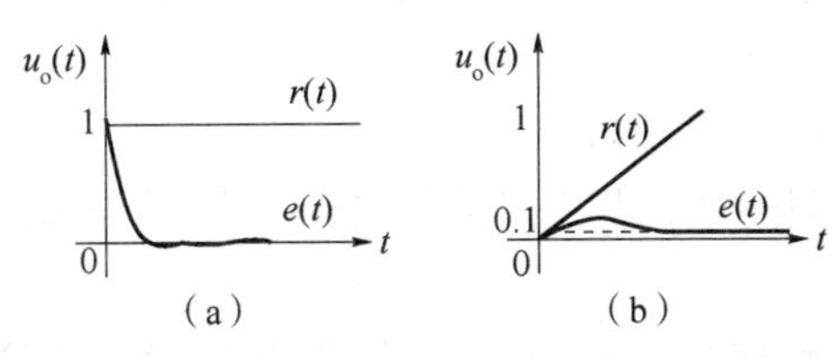

图 1-30　Ⅰ型二阶系统稳态误差响应曲线

3. Ⅱ型二阶系统

设图 1-31 所示为Ⅱ型二阶系统原理框图。

同理，可证明这种类型的系统输出均无稳态误差地跟踪单位阶跃输入和单位斜坡输入。当输

入信号 $r(t)=\frac{1}{2}t^2$,即 $R(s)=\frac{1}{s^3}$时,其稳态误差为

$$e_{ss}=\lim_{s\to 0} s\times\frac{s^2}{s^2+10(1+0.47s)}\times\frac{1}{s^3}=0.1 \tag{1-17}$$

当为单位抛物波输入时,Ⅱ型二阶系统的理论稳态偏差曲线如图 1-32 所示。

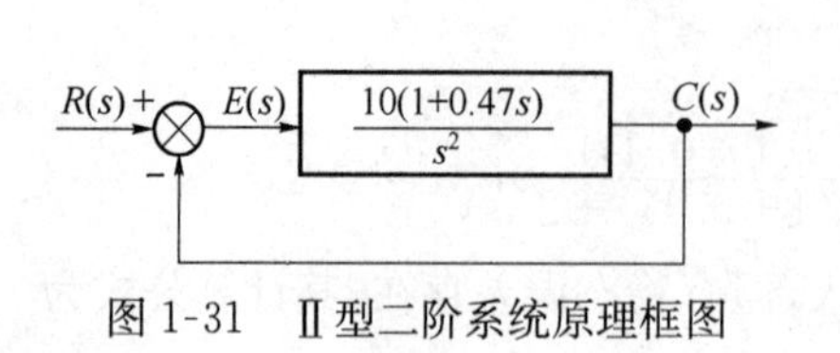

图 1-31 Ⅱ型二阶系统原理框图

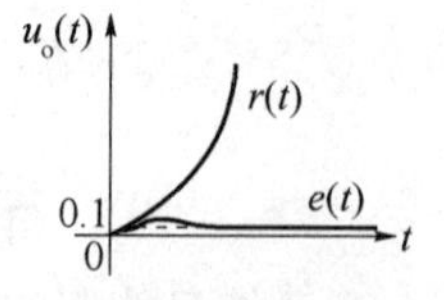

图 1-32 Ⅱ型二阶系统的抛物波稳态误差响应曲线

四、实验步骤

1. 0 型二阶系统

根据 0 型二阶系统的原理框图,选择实验箱上的通用电路单元设计并组建相应的模拟电路,如图 1-33 所示。

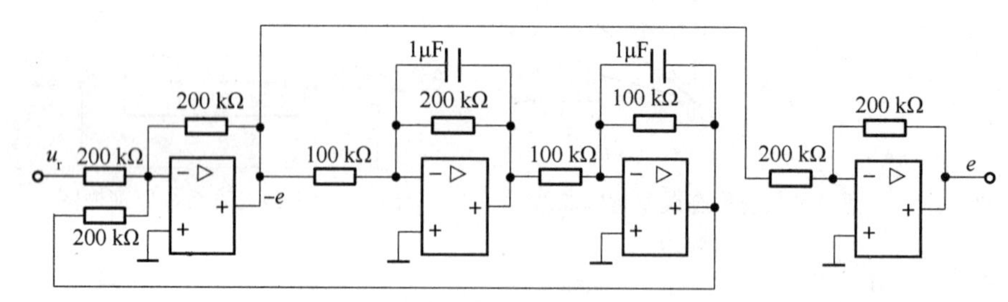

图 1-33 0 型二阶系统模拟电路

电路参考单元为通用单元 1、通用单元 2、通用单元 3、反相器单元。

当输入 u_r为一单位阶跃信号时,用上位机软件观测图中 e 点并记录其实验曲线,并与理论偏差值进行比较。

当输入 u_r为一单位斜坡信号时,用上位机软件观测图中 e 点并记录其实验曲线,并与理论偏差值进行比较。

注:在上位机上输出 0.1 Hz 的信号,将实验箱信号发生器单元调到斜波(抛物波)输出,调节斜率电位器,使波形输出需要的斜坡(抛物波)。

2. Ⅰ型二阶系统

根据Ⅰ型二阶系统的原理框图,选择实验箱上的通用电路单元设计并组建相应的模拟电路,如图 1-34 所示。

电路参考单元为通用单元 1、通用单元 2、通用单元 3、反相器单元。

当输入 u_r为一单位阶跃信号时,用上位机软件观测图中 e 点并记录其实验曲线,并与理论偏差值进行比较。

当输入 u_r为一单位斜坡信号时,用上位机软件观测图中 e 点并记录其实验曲线,并与理论偏差值进行比较。

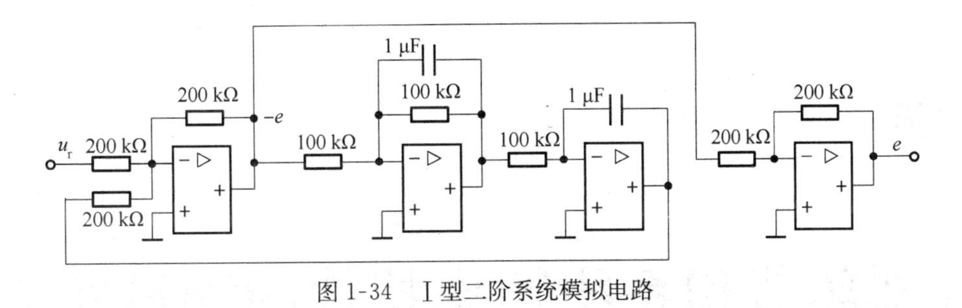

图 1-34　Ⅰ型二阶系统模拟电路

3. Ⅱ型二阶系统

根据Ⅱ型二阶系统的原理框图，选择实验箱上的通用电路单元设计并组建相应的模拟电路，如图 1-35 所示。

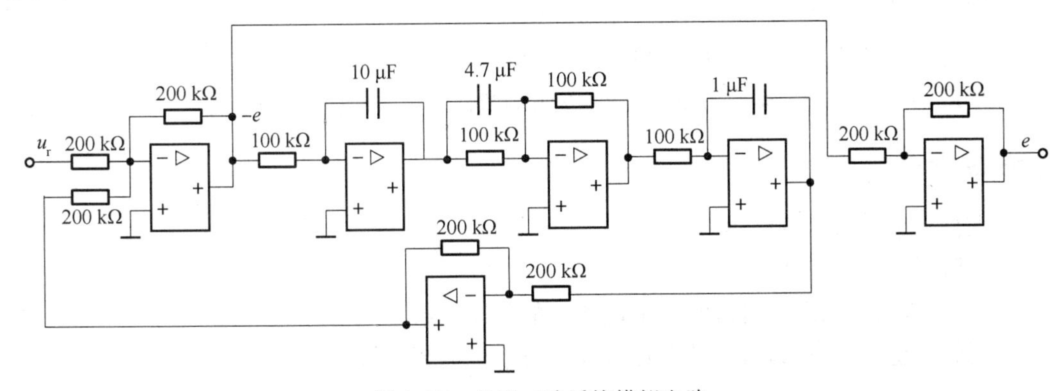

图 1-35　Ⅱ型二阶系统模拟电路

电路参考单元为通用单元 1、通用单元 2、通用单元 3、通用单元 4、反相器单元。

当输入 u_r 为一单位斜坡(或单位阶跃)信号时，用上位机软件观测图中 e 点并记录其实验曲线，并与理论偏差值进行比较。

当输入 u_r 为一单位抛物波信号时，用上位机软件观测图中 e 点并记录其实验曲线，并与理论偏差值进行比较。

注：本实验中不主张用示波器直接测量给定信号与响应信号的曲线，因它们在时间上有一定的响应误差。

五、实验报告

(1)画出 0 型二阶系统的原理框图和模拟电路图，并由实验测得系统在单位阶跃和单位斜坡信号输入时的稳态误差。

(2)画出Ⅰ型二阶系统的原理框图和模拟电路图，并由实验测得系统在单位阶跃和单位斜坡信号输入时的稳态误差。

(3)画出Ⅱ型二阶系统的原理框图和模拟电路图，并由实验测得系统在单位斜坡和单位抛物线函数作用下的稳态误差。

(4)观察由于改变输入阶跃信号的幅值、斜坡信号的速度，对二阶系统稳态误差的影响，并分析其产生的原因。

实验五

典型环节和系统频率特性的测量实验

一、实验目的

(1)了解典型环节和系统频率特性曲线的测试方法。

(2)根据实验求得的频率特性曲线求取传递函数。

二、实验内容

(1)惯性环节的频率特性测试。

(2)二阶系统频率特性测试。

(3)由实验测得的频率特性曲线,求取相应的传递函数。

(4)用软件仿真的方法,求取惯性环节和二阶系统的频率特性。

三、实验原理

1. 系统(环节)的频率特性

设 $G(s)$ 为一最小相位系统(环节)的传递函数。如在它的输入端施加一幅值为 X_m、频率为 ω 的正弦信号,则系统的稳态输出为

$$y=Y_m\sin(\omega t+\phi)=X_m|G(j\omega)|\sin(\omega t+\phi) \tag{1-18}$$

由式(1-18)得出系统输出、输入信号的幅值比及相位差为

$$\frac{Y_m}{X_m}=\frac{X_m|G(j\omega)|}{X_m}=|G(j\omega)| \quad (幅频特性)$$

$$\phi(\omega)=\angle G(j\omega) \quad (相频特性)$$

式中:$|G(j\omega)|$ 和 $\phi(\omega)$ 为输入信号 ω 的函数。

2. 频率特性的测试方法

1)李沙育图形法测试

(1)幅频特性的测试。

由于 $|G(j\omega)|=\frac{Y_m}{X_m}=\frac{2Y_m}{2X_m}$,改变输入信号的频率,即可测出相应的幅值比,并计算

$$L(\omega)=20\lg A(\omega)=20\lg\frac{2Y_m}{2X_m} \quad (dB) \tag{1-19}$$

幅频特性测试框图如图 1-36 所示。

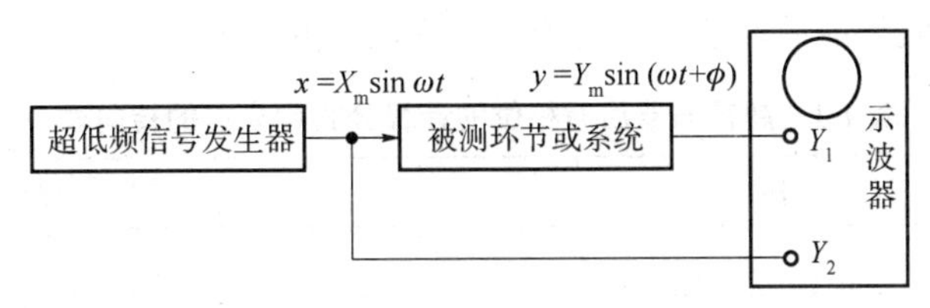

图 1-36　幅频特性测试框图(李沙育图形法)

注：示波器同一时刻只输入一个通道，即系统(环节)的输入或输出。

(2)相频特性的测试。

令系统(环节)的输入信号为

$$X(t)=X_m\sin\omega t$$

则其输出为

$$Y(t)=Y_m\sin(\omega t+\phi)$$

对应的李沙育图形如图 1-37 所示。若以 t 为参变量，则 $X(t)$ 与 $Y(t)$ 所确定点的轨迹将在示波器的屏幕上形成一条封闭的曲线(通常为椭圆)，当 $t=0$ 时，有

$$Y(0)=Y_m\sin\phi$$

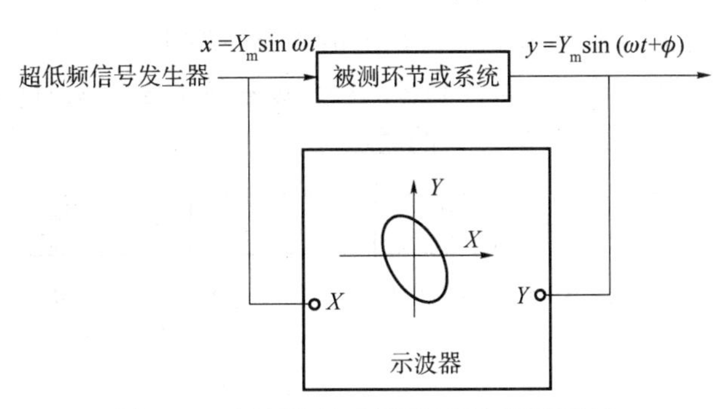

图 1-37　幅频特性的测试(李沙育图形法)

于是有

$$\phi(\omega)=\arcsin\frac{Y(0)}{Y_m}=\arcsin\frac{2Y(0)}{2Y_m}$$

同理可得

$$\phi(\omega)=\arcsin\frac{2X(0)}{2X_m}$$

式中：$2Y(0)$为椭圆与 Y 轴相交点间的长度；$2X(0)$为椭圆与 X 轴相交点间的长度。

以上公式适用于椭圆的长轴在一、三象限；当椭圆的长轴在二、四象限时相位 ϕ 的计算公式变为

$$\phi(\omega)=180^\circ-\arcsin\frac{2Y(0)}{2Y_m} \tag{1-20}$$

或

$$\phi(\omega)=180^\circ-\arcsin\frac{2X(0)}{2X_m} \tag{1-21}$$

表 1-1 列出了超前与滞后时相位的计算公式和光点的转向。

表 1-1　超前与滞后时相位的计算公式和光点的转向表

相角 ϕ	超前		滞后	
	$0°\sim90°$	$90°\sim180°$	$0°\sim90°$	$90°\sim180°$
图形				
计算公式	$\phi=\arcsin 2Y_0/(2Y_m)$ $=\arcsin 2X_0/(2X_m)$	$\phi=180°-\arcsin 2Y_0/(2Y_m)$ $=180°-\arcsin 2X_0/(2X_m)$	$\phi=\arcsin 2Y_0/(2Y_m)$ $=\arcsin 2X_0/(2X_m)$	$\phi=180°-\arcsin 2Y_0/(2Y_m)$ $=180°-\arcsin 2X_0/(2X_m)$
光点转向	顺时针	顺时针	逆时针	逆时针

2)用虚拟示波器测试

可直接用软件测试出系统(环节)的频率特性,如图 1-38 所示。其中 U_i 信号由虚拟示波器扫频输出(直接单击开始分析即可)产生,并由信号发生器 1(开关拨至正弦波)输出。测量频率特性时,信号发生器 1 的输出信号接到被测环节或系统的输入端和示波器接口的通道 1。被测环节或系统的输出信号接示波器接口的通道 2。

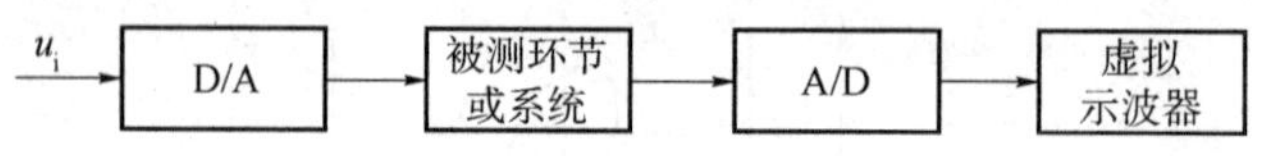

图 1-38　用虚拟示波器测试系统(环节)的频率特性框图

3. 惯性环节

传递函数为

$$G(s)=\frac{U_o(s)}{U_i(s)}=\frac{K}{Ts+1}=\frac{1}{0.1s+1} \tag{1-22}$$

惯性环节电路如图 1-39 所示。

惯性环节的幅频近似特性如图 1-40 所示。

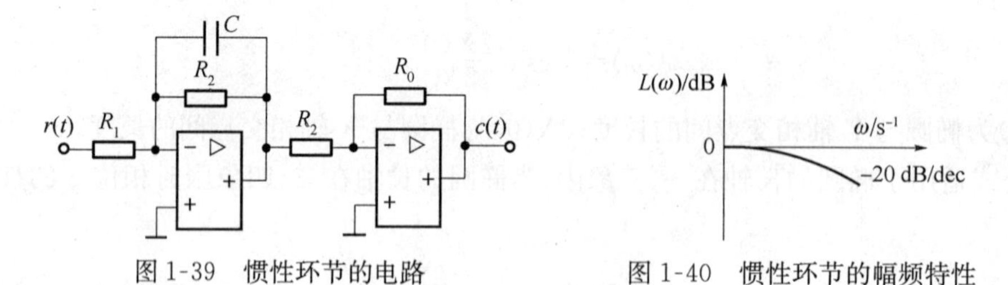

图 1-39　惯性环节的电路　　图 1-40　惯性环节的幅频特性

若图 1-39 中取 $C=1\ \mu F, R_1=100\ k\Omega, R_2=100\ k\Omega, R_0=200\ k\Omega$,则系统的转折频率为

$$f_T=\frac{1}{2\pi\times T}=1.66\ (Hz) \tag{1-23}$$

4. 二阶系统

由图 1-22($R_x=100\ \mathrm{k\Omega}$)可得系统的传递函数为

$$W(s)=\frac{1}{0.2s^2+s+1}=\frac{5}{s^2+5s+5}=\frac{\omega_n^2}{s^2+2\zeta\omega_n s+\omega_n^2} \tag{1-24}$$

可得

$$\omega_n=\sqrt{5},\quad \zeta=\frac{5}{2\sqrt{5}}=\frac{\sqrt{5}}{2}=1.12(\text{过阻尼})$$

典型二阶系统原理框图如图 1-41 所示。

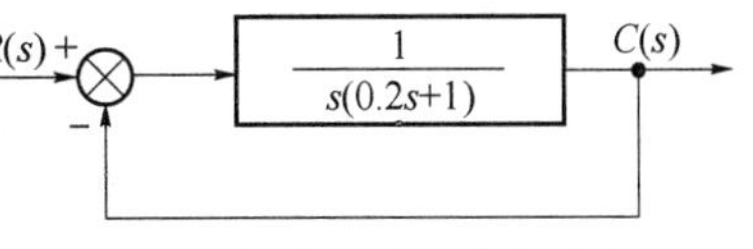

图 1-41　典型二阶系统原理框图

其模拟电路如图 1-42 所示。其中 R_x 可调。这里可取 100 kΩ($\zeta>1$)、10 kΩ($0<\zeta<0.707$)两个典型值。

当 $R_x=100\ \mathrm{k\Omega}$ 时的幅频近似特性如图 1-43 所示。

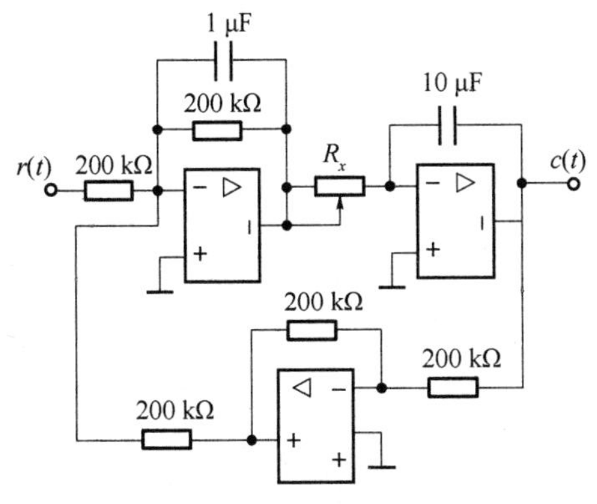

图 1-42　典型二阶系统的电路

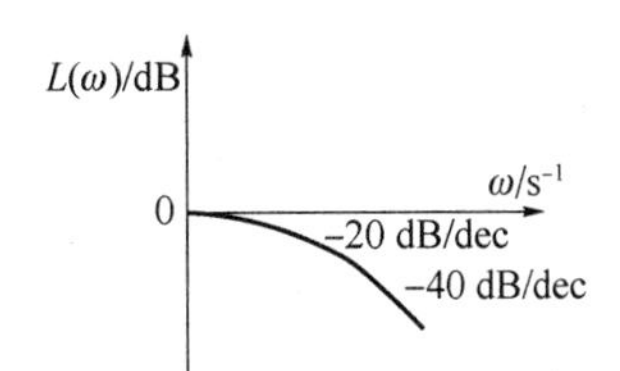

图 1-43　典型二阶系统的幅频特性($\zeta>1$)

四、实验步骤

1. 惯性环节

(1)根据图 1-44 所示的惯性环节电路,选择实验箱上的通用电路单元设计并组建相应的模拟电路。其中电路的输入端接信号源的输出端,电路的输出端接示波器接口单元的通道 2 输入端;同时将信号源的输出端接示波器接口单元的通道 1 输入端。

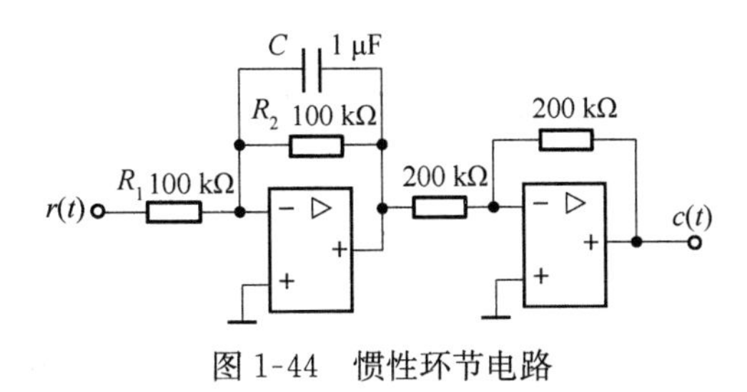

图 1-44　惯性环节电路

(2)设置终止频率为 100 rad/s。

(3)单击软件的"开始分析",即可完成波特图的幅频特性及相频特性图。

注:信号源的幅度调至最大。

2. 二阶系统

根据图 1-42 所示的二阶系统电路，选择实验箱上的通用电路单元设计并组建相应的模拟电路，如图 1-45 所示。

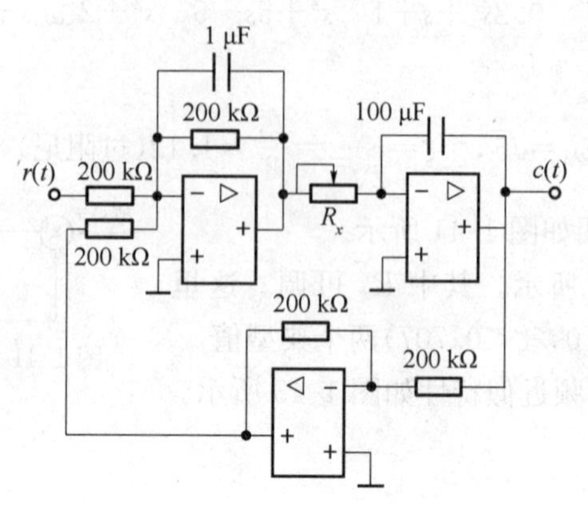

图 1-45　典型二阶系统电路

电路参考单元为通用单元 2、通用单元 3、反相器单元、电位器组。

(1)当 $R_x=100\ \text{k}\Omega$ 时，设置终止频率为 20 rad/s。具体步骤可参考惯性环节的相关操作。

(2)当 $R_x=10\ \text{k}\Omega$ 时，设置终止频率为 20 rad/s。具体步骤可参考惯性环节的相关操作。

注：当 $R_x=100\ \text{k}\Omega$ 时，信号源的幅度调至最大。

当 $R_x=10\ \text{k}\Omega$ 时，信号源的幅度调至 10 V_{p-p}。

五、实验报告

(1)写出被测环节和系统的传递函数，并画出相应的模拟电路图。

(2)把实验测得的数据和理论计算数据列成表，绘出它们的 Bode 图。

(3)用上位机实验时，根据由实验测得的二阶系统闭环幅频特性曲线，写出该系统的传递函数，并把计算所得的谐振峰值和谐振频率与实验结果相比较。

(4)绘出被测环节和系统的幅频特性与相频特性曲线。

实验六

线性定常系统的串联校正实验

一、实验目的

(1)通过实验,理解所加校正装置的结构、特性和对系统性能的影响。

(2)掌握串联校正几种常用的设计方法和对系统的实时调试技术。

二、实验内容

(1)观测未加校正装置时系统的动、静态性能。

(2)按动态性能的要求,分别用时域法或频域法(期望特性)设计串联校正装置。

(3)观测引入校正装置后系统的动、静态性能,并予以实时调试,使动、静态性能均满足设计要求。

(4)利用上位机软件,分别对校正前和校正后的系统进行仿真,并与上述模拟系统实验的结果相比较。

三、实验原理

图 1-46 所示为一加串联校正后系统的原理框图。图中校正装置 $G_c(s)$是与被控对象 $G_o(s)$串联连接。

串联校正有以下 3 种形式。

(1)超前校正是利用超前校正装置的相位超前特性来改善系统的动态性能。

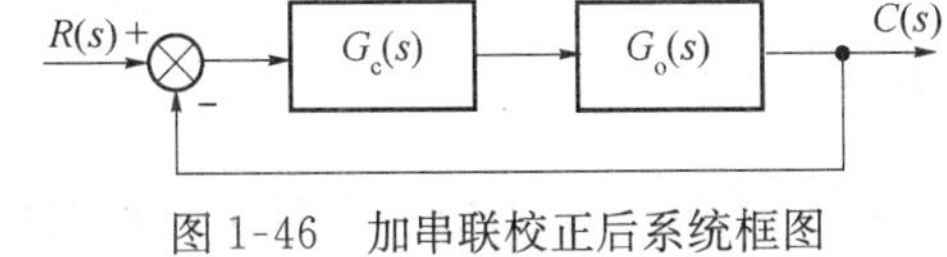

图 1-46　加串联校正后系统框图

(2)滞后校正是利用滞后校正装置的高频幅值衰减特性,使系统在满足稳态性能的前提下又能满足其动态性能的要求。

(3)滞后超前校正,由于这种校正既有超前校正的特点,又有滞后校正的优点。因而它适用系统需要同时改善稳态和动态性能的场合。校正装置有无源和有源两种。基于后者与被控对象相连接时,不存在负载效应,故得到广泛应用。

下面介绍两种常用的校正方法,即零极点对消法(时域法;采用超前校正)和期望特性校正法(采用滞后校正)。

1. 零极点对消法(时域法)

零极点对消法就是使校正变量 $G_c(s)$中的零点抵消被控对象 $G_o(s)$中不希望的极点,以使系统的动、静态性能均能满足设计要求。设校正前系统的原理框图如图 1-47 所示。

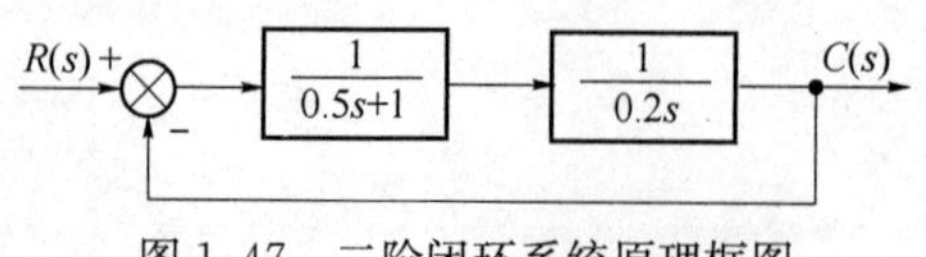

图 1-47 二阶闭环系统原理框图

1)性能要求

静态速度误差系数：$K_v = 25\ \mathrm{s}^{-1}$；超调量 $\delta_P \leqslant 0.2$；上升时间 $t_s \leqslant 1\ \mathrm{s}$。

2)校正前系统的性能分析

校正前系统的开环传递函数为

$$G_o(s) = \frac{5}{0.2s(0.5s+1)} = \frac{25}{s(0.5s+1)} \tag{1-25}$$

误差系数为：$K_v = \lim\limits_{s \to 0} s G_o(s) = 25$，刚好满足稳态的要求。根据系统的闭环传递函数系统的速度，即

$$\Phi(s) = \frac{G_o(s)}{1+G_o(s)} = \frac{50}{s^2+2s+50} = \frac{\omega_n^2}{s^2+2\zeta\omega_n s+\omega_n^2} \tag{1-26}$$

求得

$$\omega_n = \sqrt{50}, 2\zeta\omega_n = 2, \zeta = \frac{1}{\omega_n} = \frac{1}{\sqrt{50}} = 0.14$$

代入二阶系统超调量 δ_P 的计算公式，即可确定该系统的超调量 δ_P，即

$$\delta_P = e^{-\frac{\zeta\pi}{\sqrt{1-\zeta^2}}} = 0.63 \tag{1-27}$$

$$t_s \approx \frac{3}{\zeta\omega_n} = 3\ \mathrm{s} (\Delta = \pm 0.05) \tag{1-28}$$

这表明，当系统满足稳态性能指标 K_v 的要求后，其动态性能距设计要求甚远。为此，必须在系统中加一合适的校正装置，以使校正后系统的性能同时满足稳态和动态性能指标的要求。

3)校正装置的设计

根据对校正后系统的性能指标要求，确定系统的 ζ 和 ω_n。即由

$$\delta_P \leqslant 0.2 = e^{-\frac{\zeta\pi}{\sqrt{1-\zeta^2}}} \tag{1-29}$$

求得 $\zeta \geqslant 0.5$。

$$t_s \approx \frac{3}{\zeta\omega_n} \leqslant 1\ \mathrm{s} \quad (\Delta = \pm 0.05) \tag{1-30}$$

解得 $\omega_n \geqslant \frac{3}{0.5} = 6$。

根据零极点对消法则，令校正装置的传递函数为

$$G_c(s) = \frac{0.5s+1}{Ts+1} \tag{1-31}$$

则校正后系统的开环传递函数为

$$G(s) = G_c(s)G_o(s) = \frac{0.5s+1}{Ts+1} \times \frac{25}{s(0.5s+1)} = \frac{25}{s(Ts+1)} \tag{1-32}$$

相应地，闭环传递函数为

$$\phi(s) = \frac{G(s)}{G(s)+1} = \frac{25}{Ts^2+s+25} = \frac{\frac{25}{T}}{s^2+\frac{s}{T}+\frac{25}{T}} = \frac{\omega_n^2}{s^2+2\zeta\omega_n s+\omega_n^2} \tag{1-33}$$

于是有

$$\omega_n^2=\frac{25}{T},\quad 2\zeta\omega_n=\frac{1}{T}$$

为使校正后系统的超调量 $\delta_P\leqslant 20\%$，这里取 $\zeta=0.5(\delta_P\approx 16.3\%)$，则 $2\times 0.5\sqrt{\frac{25}{T}}=\frac{1}{T}$，可得 $T=0.04$ s。

这样所求校正装置的传递函数为

$$G_o(s)=\frac{0.5s+1}{0.04s+1} \tag{1-34}$$

设校正装置 $G_c(s)$ 的模拟电路如图 1-48 或图 1-49（实验时可选其中一种）所示。

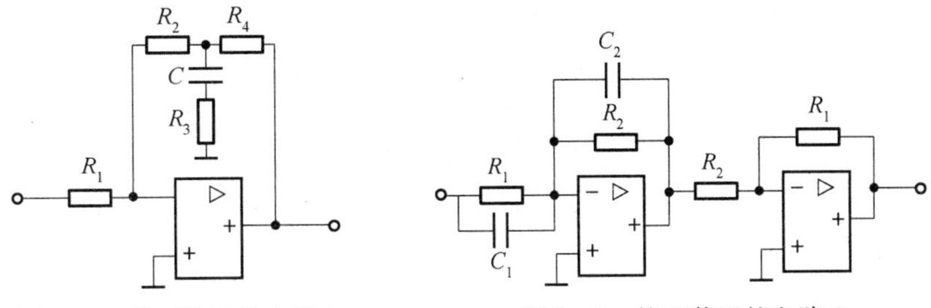

图 1-48　校正装置的电路 1　　　图 1-49　校正装置的电路 2

在图 1-48 中，$R_2=R_4=200\ \text{k}\Omega$，$R_1=400\ \text{k}\Omega$，$R_3=10\ \text{k}\Omega$，$C=4.7\ \mu\text{F}$ 时，有

$$T=R_3C=10\times 10^3\times 4.7\times 10^{-6}\approx 0.04\ (\text{s}) \tag{1-35}$$

$$\frac{R_2R_3+R_2R_4+R_3R_4}{R_2+R_4}\times C=\frac{2\,000+40\,000+2\,000}{400}\times 4.7\times 10^{-6}\approx 0.5 \tag{1-36}$$

则有

$$G_o(s)=\frac{R_2+R_4}{R_1}\times\frac{1+\frac{R_2R_3+R_2R_4+R_3R_4}{R_2+R_4}Cs}{R_3Cs+1}=\frac{0.5s+1}{0.04s+1} \tag{1-37}$$

在图 1-49 中，$R_1=510\ \text{k}\Omega$，$C_1=1\ \mu\text{F}$，$R_2=390\ \text{k}\Omega$，$C_2=0.1\ \mu\text{F}$ 时，有

$$G_o(s)=\frac{R_1C_1s+1}{R_2C_2s+1}=\frac{0.51s+1}{0.039s+1}\approx\frac{0.5s+1}{0.04s+1} \tag{1-38}$$

图 1-50(a)、(b)分别为二阶系统校正前、后系统的单位阶跃响应的示意曲线。

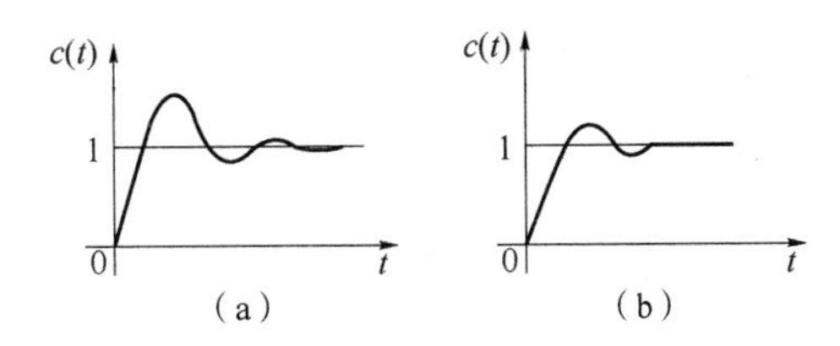

图 1-50　加校正装置前后二阶系统的阶跃响应曲线

(a)$\delta_P\approx 63\%$；(b)$\delta_P\approx 16.3\%$

2. 期望特性校正法

根据图 1-46 和给定的性能指标，确定期望的开环对数幅频特性 $L(\omega)$，并令它等于校正装置的对数幅频特性 $L_c(\omega)$ 和未校正系统开环对数幅频特性 $L_o(\omega)$ 之和，即

$$L(\omega) = L_c(\omega) + L_o(\omega)$$

当知道期望开环对数幅频特性 $L(\omega)$ 和未校正系统的开环幅频特性 $L_o(\omega)$，就可以从 Bode 图上求出校正装置的对数幅频特性，即

$$L_c(\omega) = L(\omega) - L_o(\omega)$$

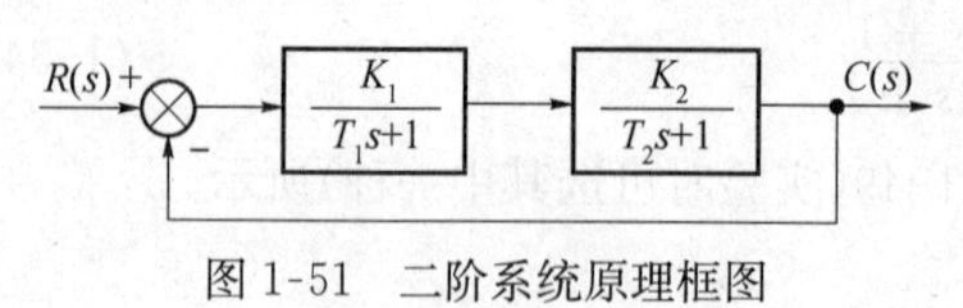

图 1-51　二阶系统原理框图

据此可确定校正装置的传递函数，具体说明如下。

设校正前系统如图 1-51 所示，这是一个 0 型二阶系统。

其开环传递函数为

$$G_o(s) = \frac{K_1K_2}{(T_1s+1)(T_2s+1)} = \frac{2}{(s+1)(0.2s+1)} \tag{1-39}$$

其中：$T_1=1, T_2=0.2, K_1=1, K_2=2, K=K_1K_2=2$。

则相应的模拟电路如图 1-52 所示。

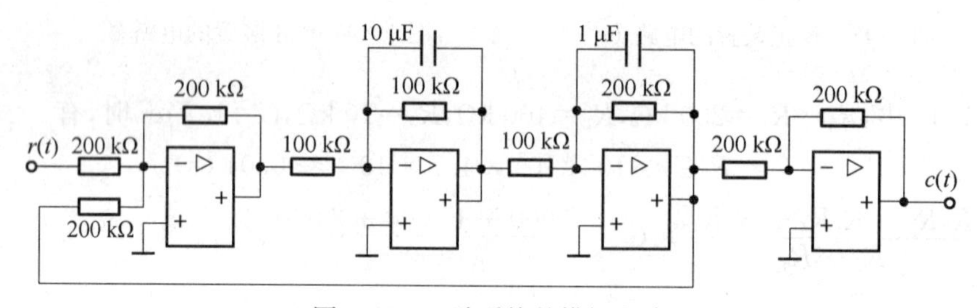

图 1-52　二阶系统的模拟电路

由于图 1-51 是一个 0 型二阶系统，当系统输入端输入一个单位阶跃信号时，系统会有一定的稳态误差，其误差的计算方法可参考实验四“线性定常系统的稳态误差实验”。

1)设校正后系统的性能指标

系统的超调量为：$\delta_P \leqslant 10\%$，速度误差系数 $K_v \geqslant 2$。

后者表示校正后的系统为Ⅰ型二阶系统，使它跟踪阶跃输入无稳态误差。

2)设计步骤

(1)绘制未校正系统的开环对数幅频特性曲线，由式(1-39)可得

$$L_o(\omega) = 20\lg 2 - 20\lg\sqrt{1+\left(\frac{\omega}{1}\right)^2} - 20\lg\sqrt{1+\left(\frac{\omega}{5}\right)^2} \tag{1-40}$$

其对数幅频特性曲线如图 1-53 中的曲线 L_o(虚线)所示。

(2)根据对校正后系统性能指标的要求，取 $\delta_P=4.3\% \leqslant 10\%$，$K_v=2.5 \geqslant 2$，相应的开环传递函数为

$$G(s) = \frac{2.5}{s(1+0.2s)} \tag{1-41}$$

其频率特性为

$$G(j\omega) = \frac{2.5}{j\omega\left(1+\frac{j\omega}{5}\right)} \tag{1-42}$$

(3)据此作出 $L(\omega)$ 曲线($K_v=\omega_c=2.5,\omega_1=5$),如图 1-53 中的曲线 L 所示。

(4)求 $G_c(s)$。

因为 $G(s)=G_c(s)\times G_o(s)$,所以

$$G_c(s) = \frac{G(s)}{G_o(s)} = \frac{2.5}{s(1+0.2s)} \times \frac{(1+s)(1+0.2s)}{2} = \frac{1.25(1+s)}{s} \tag{1-43}$$

式(1-43)表示校正装置 $G_c(s)$ 是 PI 调节器,它的模拟电路如图 1-54 所示。

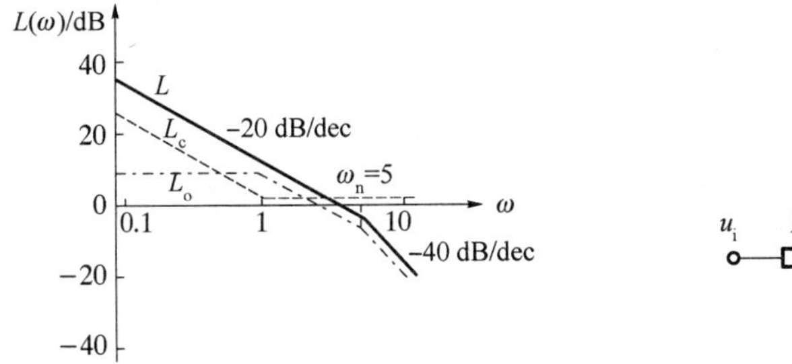

图 1-53　二阶系统校正前、后幅频特性曲线

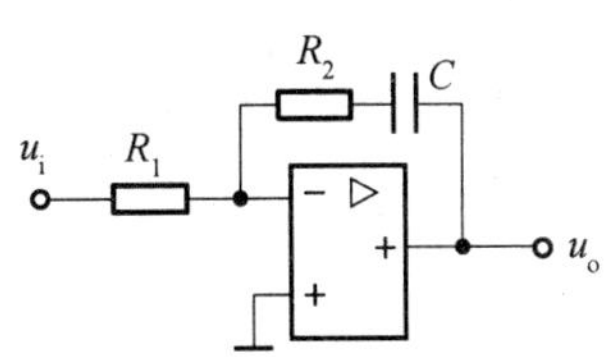

图 1-54　PI 校正装置的电路

由于

$$G_c(s) = \frac{U_o(s)}{U_i(s)} = \frac{R_2}{R_1} \times \frac{1+R_2Cs}{1+R_1Cs} = K\frac{\tau s+1}{\tau s} \tag{1-44}$$

其中:取 $R_1=80\ \text{k}\Omega$(实际电路中取 $82\ \text{k}\Omega$),$R_2=100\ \text{k}\Omega$,$C=10\ \mu\text{F}$,则 $\tau=R_2C=1\ \text{s}$,$K=\frac{R_2}{R_1}=1.25$。

(5)校正后系统框图如图 1-55 所示。

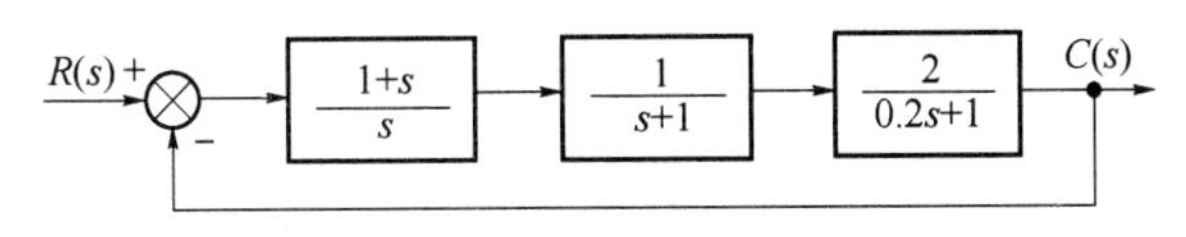

图 1-55　二阶系统校正后框图

图 1-56(a)、(b)分别为二阶系统校正前、后的单位阶跃响应的示意曲线。

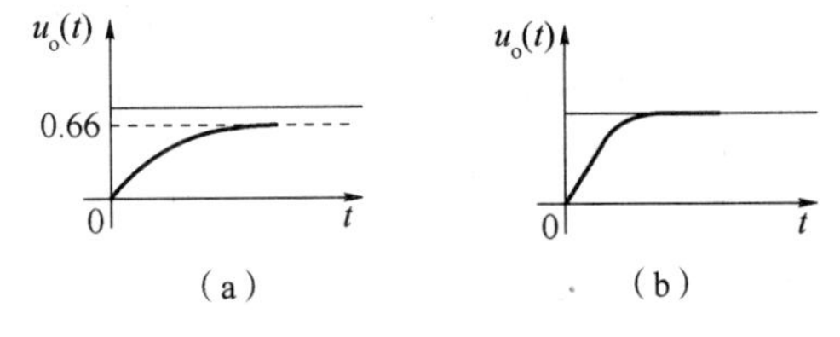

图 1-56　加校正装置前后二阶系统的阶跃响应曲线

(a)稳态误差为 0.33;(b)$\delta_P\approx 4.3\%$

四、实验步骤

1. 零极点对消法(时域法)进行串联校正

1)校正前

根据二阶系统的原理框图,选择实验箱上的通用电路单元设计并组建相应模拟电路,如图 1-57 所示。

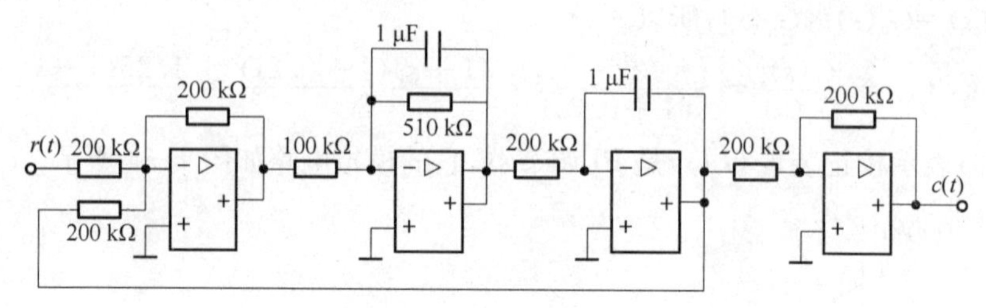

图 1-57　二阶闭环系统的模拟电路(时域法)

电路参考单元为通用单元 1、通用单元 3、通用单元 2、反相器单元。

在输入端输入一个单位阶跃信号,用上位机软件观测并记录相应的实验曲线,并与理论值进行比较。

2)校正后

在图 1-57 所示电路的基础上加一个串联校正装置,如图 1-58 所示。

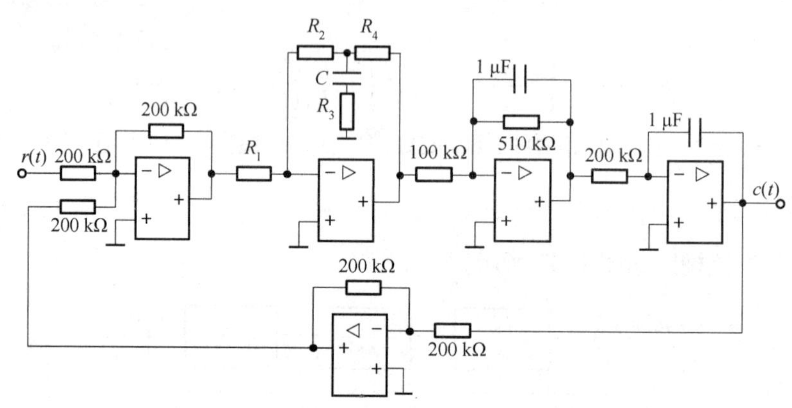

图 1-58　二阶闭环系统校正后的模拟电路(时域法)

电路参考单元为通用单元 1、通用单元 6、通用单元 3、通用单元 2、反相器单元。

其中:$R_2=R_4=200\ \text{k}\Omega$,$R_1=400\ \text{k}\Omega$(实际取 390 kΩ),$R_3=10\ \text{k}\Omega$,$C=4.7\ \mu\text{F}$。

在系统输入端输入一个单位阶跃信号,用上位机软件观测并记录相应的实验曲线,并与理论值进行比较,观测 δ_P 是否满足设计要求。

注:做本实验时,也可选择图 1-49 中对应的校正装置,此时校正装置使用通用单元 5、通用单元 1,但 510 kΩ 和 390 kΩ 电阻需在无源元件单元取。

2. 期望特性校正法

1)校正前

根据二阶系统的原理框图,选择实验箱上的通用电路单元设计并组建相应的模拟电路,如

图 1-59 所示。电路参考单元为通用单元 1、通用单元 3、通用单元 2、反相器单元。

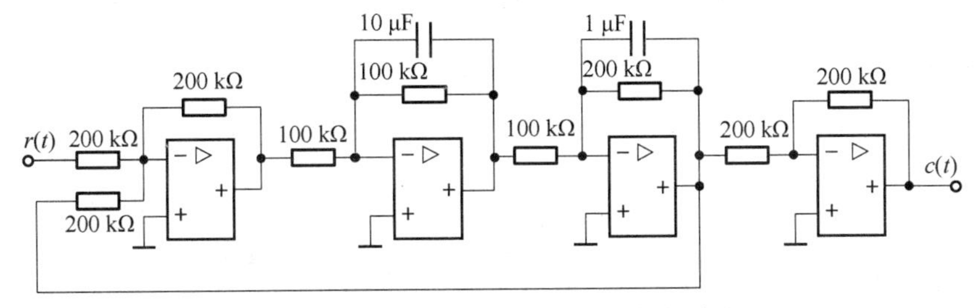

图 1-59　二阶闭环系统的模拟电路(频域法)

在系统输入端输入一个单位阶跃信号,用上位机软件观测并记录相应的实验曲线,并与理论值进行比较。

2)校正后

在图 1-59 所示电路的基础上加一个串联校正装置,校正后的系统如图 1-60 所示。

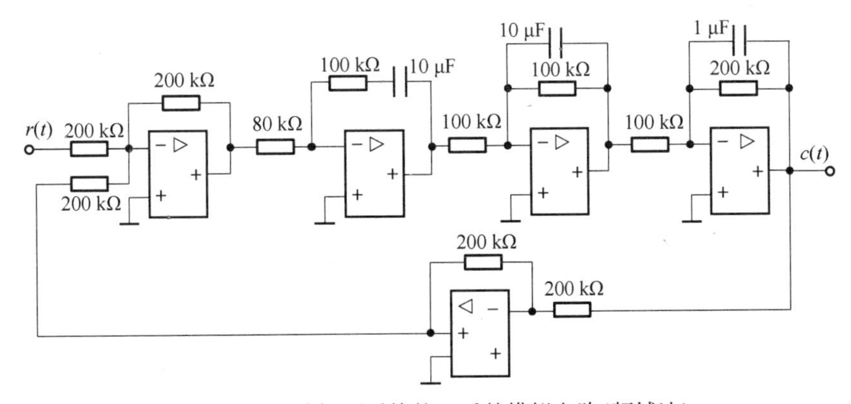

图 1-60　二阶闭环系统校正后的模拟电路(频域法)

注:80 kΩ 电阻在实际电路中阻值可取 82 kΩ。

电路参考单元为通用单元 1、通用单元 6、通用单元 3、通用单元 2、反相器单元。

在系统输入端输入一个单位阶跃信号,用上位机软件观测并记录相应的实验曲线,并与理论值进行比较,观测 δ_P 和 t_s 是否满足设计要求。

五、实验报告

(1)根据对系统性能的要求,设计系统的串联校正装置,并画出它的电路图。

(2)根据实验结果,画出校正前系统的阶跃响应曲线及相应的动态性能指标。

(3)观测引入校正装置后系统的阶跃响应曲线,并将由实验测得的性能指标与理论计算值做比较。

(4)实时调整校正装置的相关参数,使系统的动、静态性能均满足设计要求,并分析相应参数的改变对系统性能的影响。

实验七

典型非线性环节的静态特性实验

一、实验目的

(1)了解典型非线性环节输出输入的静态特性及其相关的特征参数。

(2)掌握典型非线性环节用模拟电路实现的方法。

二、实验内容

(1)继电器型非线性环节静态特性的电路模拟。

(2)饱和型非线性环节静态特性的电路模拟。

(3)具有死区特性非线性环节静态特性的电路模拟。

(4)具有间隙特性非线性环节静态特性的电路模拟。

三、实验原理

控制系统中的非线性环节有很多种,最常见的有饱和特性、死区特性、继电器特性和间隙特性。基于这些特性对系统的影响是各不相同的,因而了解它们输出输入的静态特性将有助于对非线性系统的分析研究。

1. 继电器型非线性环节

图 1-61 所示为继电器型非线性环节的模拟电路和静态特性。

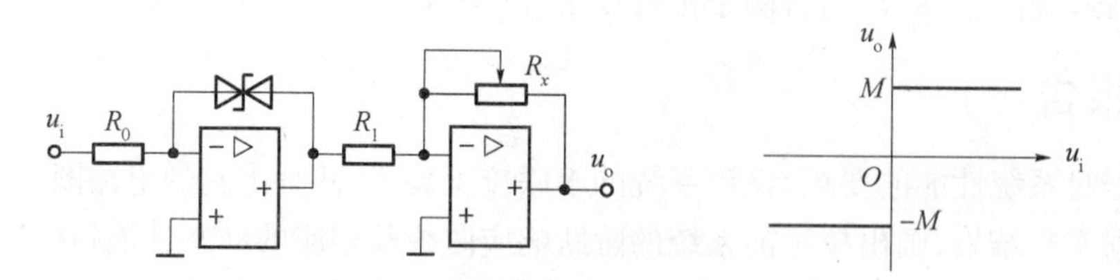

图 1-61　继电器型非线性环节模拟电路及其静态特性

继电器特性参数 M 是由双向稳压管的稳压值(4.9～6 V)和后级运放的放大倍数(R_x/R_1)决定的,调节可变电位器 R_x 的阻值,就能很方便地改变 M 值的大小。输入 u_i 信号用正弦信号(频率一般均小于 10 Hz)作为测试信号。实验时,用示波器的李沙育显示模式进行观测。

2. 饱和型非线性环节

图 1-62 所示为饱和型非线性环节的模拟电路及其静态特性。

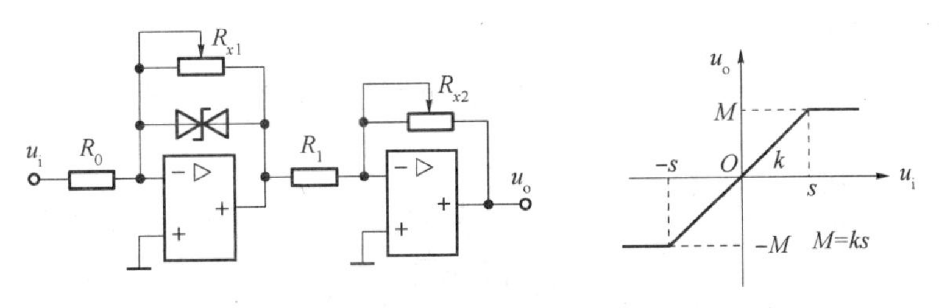

图 1-62　饱和型非线性环节模拟电路及其静态特性

图 1-62 中饱和型非线性特性的饱和值 M 等于稳压管的稳压值(4.9～6 V)与后一级放大倍数的乘积。线性部分斜率 k 等于两级运放增益之积。在实验时，若改变前一级运放中电位器的阻值可改变 k 值的大小，而改变后一级运放中电位器的阻值则可同时改变 M 和 k 值的大小。

实验时，可以用正弦信号作为测试信号。注意信号频率的选择应足够低(一般小于 10 Hz)。实验时，用示波器的李沙育显示模式进行观测。

3. 具有死区特性的非线性环节

图 1-63 所示为具有死区特性的非线性环节的模拟电路及其静态特性。

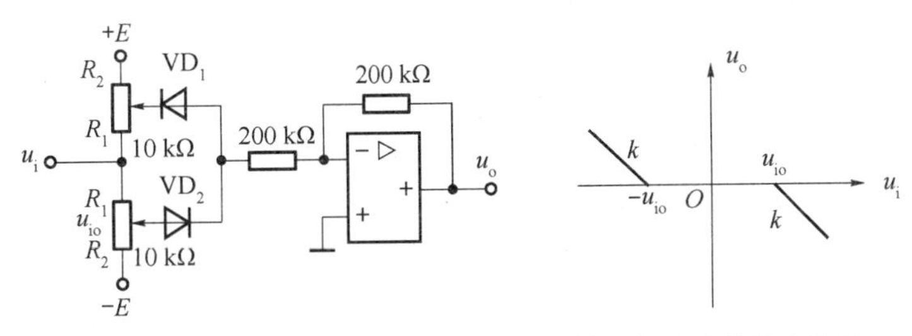

图 1-63　具有死区特性的非线性环节的模拟电路及其静态特性

图 1-63 中的运放为反相器。由图中输入端的限幅电路可知，当二极管 VD_1(或 VD_2)导通时的临界电压 u_{io} 为

$$u_{io} = \pm \frac{R_1}{R_2} E = \pm \frac{\alpha}{1-\alpha} E \tag{1-45}$$

在临界状态时，有

$$\frac{R_2}{R_1+R_2} u_{io} = \pm \frac{R_1}{R_1+R_2} E \tag{1-46}$$

其中，$\alpha = \frac{R_1}{R_1+R_2}$。当 $|u_i| > |u_{io}|$ 时，二极管 VD_1(或 VD_2)导通，此时电路的输出电压为

$$u_o = \pm \frac{R_2}{R_1+R_2}(u_i - u_{io}) = \pm (1-\alpha)(u_i - u_{io}) \tag{1-47}$$

令 $k=1-\alpha$，则式(1-47)变为

$$u_o = \pm k(u_i - u_{io}) \tag{1-48}$$

反之，当 $|u_i| \leqslant |u_{io}|$ 时，二极管 VD_1(或 VD_2)均不导通，电路的输出电压 u_o 为零。显然，该非线性电路的特征参数为 k 和 u_{io}。只要调节 α，就能改变 k 和 u_{io} 的大小。

实验时，可以用正弦信号作为测试信号。注意信号频率的选择应足够低(一般小于 10 Hz)。实验时，用示波器的李沙育显示模式进行观测。

4. 具有间隙特性的非线性环节

具有间隙特性的非线性环节的模拟电路及其静态特性如图 1-64 所示。

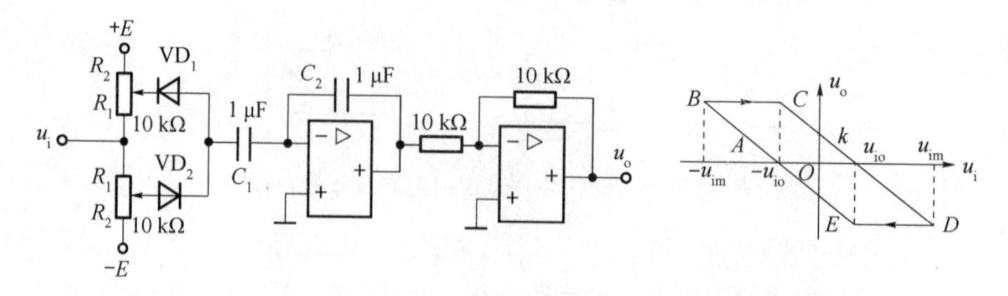

图 1-64　具有间隙特性的非线性环节的模拟电路及其静态特性

由图 1-64 可知，当 $u_i<\frac{\alpha}{1-\alpha}E$ 时，二极管 VD_1 和 VD_2 均不导通，电容 C_1 上没有电压，即 u_C（C_1 两端的电压）$=0$，$u_o=0$；当 $u_i>\frac{\alpha}{1-\alpha}E$ 时，二极管 VD_2 导通，u_i 向 C_1 充电，则输出电压为

$$u_o=\pm(1-\alpha)(u_i-u_{io}) \tag{1-49}$$

令 $k=1-\alpha$，则式(1-49)变为：

$$u_o=\pm k(u_i-u_{io}) \tag{1-50}$$

当 $u_i=u_{im}$ 时，u_i 开始减小，由于 VD_1 和 VD_2 都处于截止状态，电容 C_1 端电压保持不变，此时 C_1 上的端电压和电路的输出电压分别为

$$u_C=(1-\alpha)(u_{im}-u_{io}) \tag{1-51}$$

$$u_o=k(u_{im}-u_{io}) \tag{1-52}$$

当 $u_i=u_{im}-u_{io}$ 时，二极管 VD_1 处于临界导通状态，若 u_i 继续减小，则二极管 VD_1 导通，此时 C_1 放电，u_C 和 u_o 都将随着 u_i 减小而下降，即

$$u_C=(1-\alpha)(u_{im}+u_{io}) \tag{1-53}$$

$$u_o=k(u_{im}+u_{io}) \tag{1-54}$$

当 $u_i=-u_{io}$ 时，电容 C_1 放电完毕，输出电压 $u_o=0$。同理，可分析当 u_i 向负方向变化时的情况。在实验中，主要改变 α 值，就可改变 k 和 u_{io} 的值。

实验时，可以用正弦信号作为测试信号。注意信号频率的选择。实验时，用示波器的李沙育显示模式进行观测。

注：在李沙育显示模式下，改变时间轴设置可改变曲线的缓存时间，为了更好地观测曲线，本实验时间轴调节设置为 50 ms/格。

四、实验步骤

1. 继电器型非线性环节

电路单元：非线性单元和电位器组，如图 1-65 所示。

在 u_i 输入端输入一个低频率的正弦波，正弦波的 U_{p-p} 值大于 12 V，频率为 10 Hz。u_i 端接至示波器的第一通道，u_o 端接至示波器的第二通道，根据下列条件测量静态特性 M 值的大小并记录。

(1)当 47 kΩ 可调电位器调节至约 1.8 kΩ(M=1)时。

(2)当 47 kΩ 可调电位器调节至约 3.6 kΩ(M=2)时。

(3)当 47 kΩ 可调电位器调节至约 5.4 kΩ(M=3)时。

(4)当 47 kΩ 可调电位器调节至约 10 kΩ(M=6 左右)时。

2. 饱和型非线性环节

电路单元:非线性单元和电位器组,如图 1-66 所示。

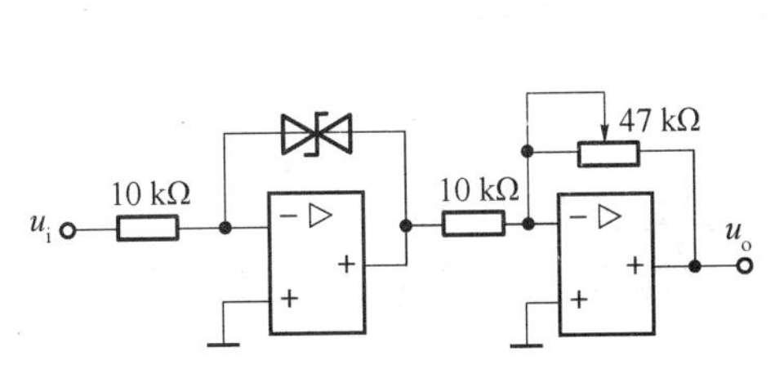

图 1-65　继电型非线性环节模拟电路

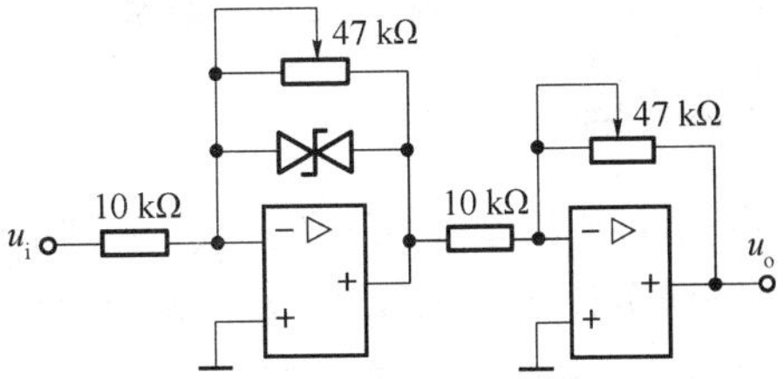

图 1-66　饱和型非线性环节模拟电路

在 u_i输入端输入一个低频率的正弦波,正弦波的 U_{p-p}值大于 12 V,频率为 10 Hz。将前一级运放中的电位器值调至 10 kΩ(此时 k=1),u_i端接至示波器的第一通道,u_o端接至示波器的第二通道,根据下列条件测量静态特性 M 和 k 值的大小并记录。

(1)当后一级运放中的电位器值调至约 1.8 kΩ(M=1)时。

(2)当后一级运放中的电位器值调至约 3.6 kΩ(M=2)时。

(3)当后一级运放中的电位器值调至约 5.4 kΩ(M=3)时。

(4)当后一级运放中的电位器值调至约 10 kΩ 时。

3. 具有死区特性的非线性环节

电路单元:非线性单元、反相器单元和电位器组,如图 1-67 所示。

在 u_i输入端输入一个低频率的正弦波,正弦波的 U_{p-p}值大于 12 V,频率为 10 Hz。u_i端接至示波器的第一通道,u_o端接至示波器的第二通道,根据下列条件测量静态特性 u_{io}和 k 值的大小并记录。

(1)调节两个可变电位器,当两个 R_1=2.0 kΩ,R_2=8.0 kΩ 时。

(2)调节两个可变电位器,当两个 R_1=2.5 kΩ,R_2=7.5 kΩ 时。

4. 具有间隙特性的非线性环节

电路单元:非线性单元、通用单元 5、通用单元 6 和电位器组,如图 1-68 所示。

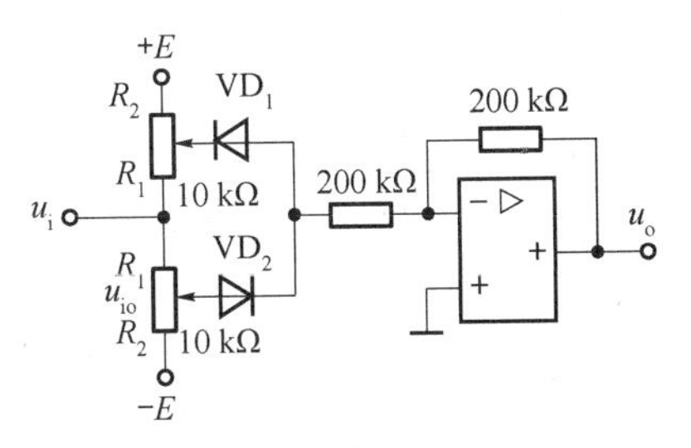

图 1-67　具有死区特性的非线性环节模拟电路

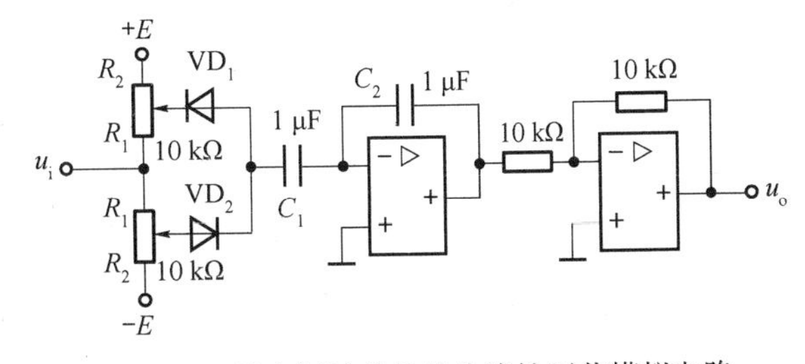

图 1-68　具有间隙特性的非线性环节模拟电路

在 u_i 输入端输入一个低频率的正弦波，正弦波的 U_{p-p} 值大于 12 V，频率为 10 Hz。u_i 端接至示波器的第一通道，u_o 端接至示波器的第二通道，根据下列条件测量静态特性 u_{io} 和 k 值的大小并记录。

(1)调节两个可变电位器，当两个 $R_1=2.0\ \text{k}\Omega$，$R_2=8.0\ \text{k}\Omega$ 时。

(2)调节两个可变电位器，当两个 $R_1=2.5\ \text{k}\Omega$，$R_2=7.5\ \text{k}\Omega$ 时。

注意：由于元件(二极管、电阻等)参数数值的分散性，造成电路不对称，因而引起电容上电荷累积，影响实验结果，故每次实验启动前，需对电容进行短接放电。

五、实验报告

(1)画出各典型非线性环节的模拟电路图，并选择好相应的参数。

(2)根据实验，绘制相应非线性环节的实际静态特性，并与理想情况下的静态特性相比较，分析电路参数对特性曲线的影响。

实验八

非线性系统的描述函数法实验

一、实验目的

(1)进一步熟悉非线性控制系统的电路模拟方法。

(2)掌握用描述函数法分析非线性控制系统。

(3)通过实验进一步了解非线性系统产生自持振荡的条件和非线性参数对系统性能的影响。

二、实验内容

(1)用描述函数法分析继电器型非线性三阶系统的稳定性,并由实验测量自持振荡的振幅和频率。

(2)用描述函数法分析饱和型非线性三阶系统的稳定性,并由实验测量自持振荡的振幅和频率。

(3)掌握饱和型非线性系统消除自持振荡的方法。

三、实验原理

用描述函数法分析非线性系统的内容如下。

(1)判别系统是否稳定。

(2)如果系统不稳定,试确定自持振荡的频率和幅值。

图 1-69 所示为非线性控制系统的原理框图。

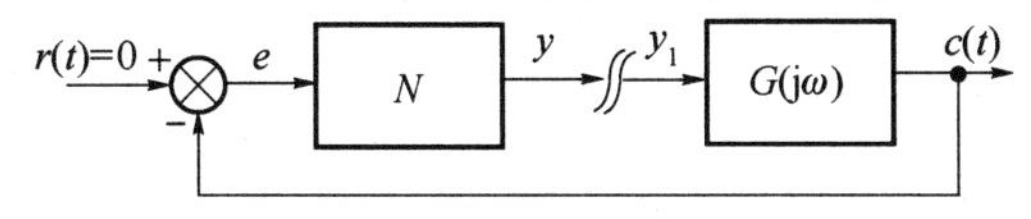

图 1-69 非线性控制系统原理框图

图 1-69 中 $G(\mathrm{j}\omega)$ 为线性系统的频率特性,N 为非线性元件,若令 $e=X\sin\omega t$,则 N 的输出为一非正弦周期性的函数,用傅里叶级数表示为

$$y = A_0 + A_1\sin\omega t + B_1\cos\omega t + A_2\sin 2\omega t + B_2\cos 2\omega t + \cdots \tag{1-55}$$

如果非线性元件的特性对坐标原点是奇对称的(即 $A_0=0$),且 $G(\mathrm{j}\omega)$ 具有良好的低通滤波器特性,它能把 y 中各高次项谐波滤去,只剩下一次谐波,即

$$y_1 = A_1\sin\omega t + B_1\cos\omega t = Y_1\sin(\omega t + \phi_1) \tag{1-56}$$

其中：$Y_1=\sqrt{A_1^2+B_1^2}$，$\phi_1=\arctan\dfrac{B_1}{A_1}$。

于是非线性元件 N 的近似输出 y_1 与输入信号间的关系为

$$N(X)=\frac{Y_1}{X}\angle\phi_1$$

式中：$N(X)$为非线性特性的描述函数，它表示非线性元件输出的一次谐波分量对正弦输入的复数比；Y_1为一次谐波幅值；X 为正弦输入信号的幅值；ϕ_1 为输出一次谐波分量相对于正弦输入信号的相移。

由于描述函数法可用于分析非线性控制系统的自持振荡问题，故可令 $r=0$。若在 $G(\mathrm{j}\omega)$ 的输入端施加一正弦信号 $y_1=Y_1\sin\omega t$，则 $N(X)$的输出为

$$y=-G(\mathrm{j}\omega)N(X)Y_1\sin\omega t \tag{1-57}$$

如果 $y=y_1$，即 $1+G(\mathrm{j}\omega)N(X)=0$，则

$$G(\mathrm{j}\omega)=-\frac{1}{N(X)} \tag{1-58}$$

此时即使撤去 y_1信号，系统的振荡也能持续进行。式(1-58)就是系统产生自持振荡的条件，式中$-\dfrac{1}{N(X)}$为描述函数的负倒特性。

本实验应用描述函数法分析具有继电器型和饱和型非线性特性的三阶系统。

1. 继电器型非线性三阶系统

图 1-70 所示为继电器型非线性三阶系统的原理框图。

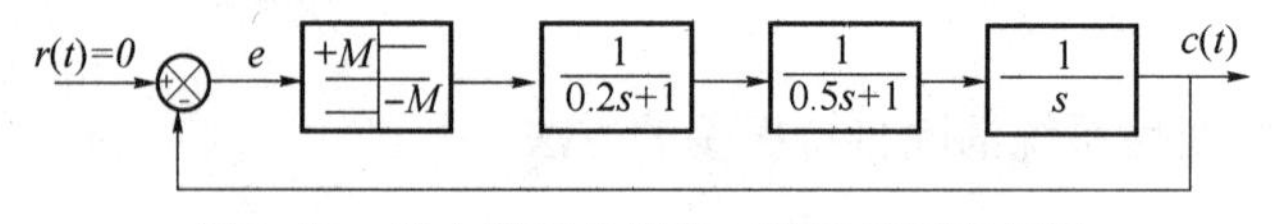

图 1-70　继电器型非线性三阶系统原理框图

继电器型非线性环节的描述函数为

$$N(X)=\frac{4M}{\pi X} \tag{1-59}$$

式中：X 为 N 元件(非线性元件)输入正弦信号的幅值。

在复平面上分别画出$-\dfrac{1}{N(X)}$和 $G(\mathrm{j}\omega)$曲线，如图 1-71 所示。

$\left(\text{如令 } M=1, -\dfrac{1}{N(X)}=-\dfrac{\pi X}{4}\right)$

由于两曲线有交点 A，则表明该系统一定有极限环，即产生等幅稳定的自持振荡。

由图 1-70 可知

$$G(\mathrm{j}\omega)=\frac{1}{\mathrm{j}\omega(1+\mathrm{j}0.5\omega)(1+\mathrm{j}0.2\omega)} \tag{1-60}$$

令 $\mathrm{Im}G(\mathrm{j}\omega)=0$ 则

$$\phi(\omega_A)=-90^\circ-\arctan 0.5\omega_A-\arctan 0.2\omega_A=-180^\circ$$

即 $\arctan 0.5\omega_A+\arctan 0.2\omega_A=90^\circ$，解得

$$\omega_A=\sqrt{10}=3.16$$

于是得

$$|G(\mathrm{j}\omega_A)|=\frac{1}{\sqrt{10}\sqrt{1+(0.5\sqrt{10})^2}\sqrt{1+(0.2\sqrt{10})^2}}=\frac{1}{\sqrt{10}\sqrt{3.8}\sqrt{1.4}}=0.143$$

由 $-\frac{1}{N(X_A)}=\mathrm{Re}G(\mathrm{j}\omega_A)$，可得

$$-\frac{\pi X_A}{4M}=-0.143\quad(X_A\text{ 为交点处的幅值})$$

若令 $M=1$，则得

$$X_A=\frac{4\times 0.143}{3.14159}\approx 0.18 \tag{1-61}$$

根据以上计算可知，当 $M=1$ 时，非线性三阶系统的单位阶跃响应曲线如图 1-72 所示。

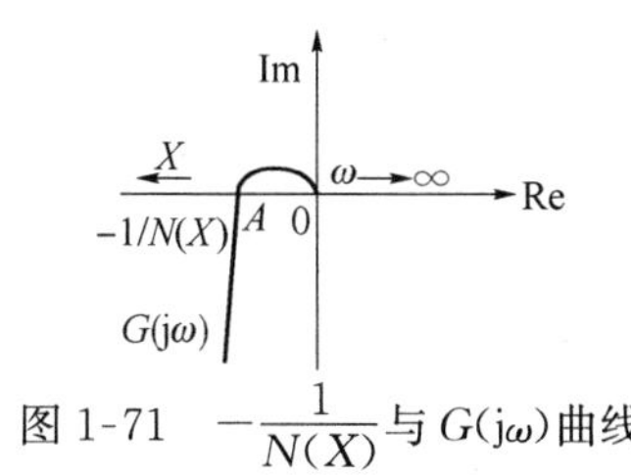

图 1-71　$-\frac{1}{N(X)}$ 与 $G(\mathrm{j}\omega)$ 曲线

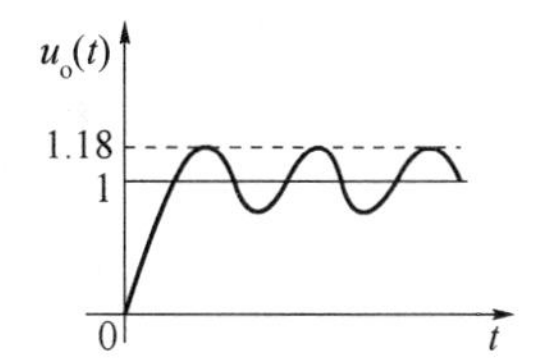

图 1-72　当 $M=1$ 时继电器型非线性三阶系统的单位阶跃响应曲线

其中振荡曲线的振荡周期为 0.5 Hz。

2. 饱和型非线性三阶系统

图 1-73 所示为饱和型非线性环节的静态特性及其对应的控制系统。

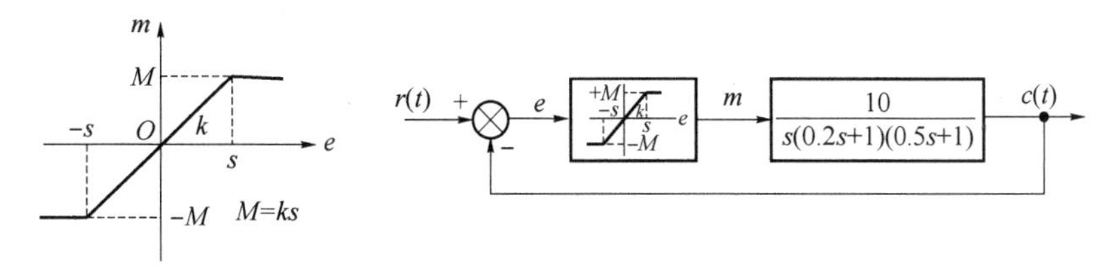

图 1-73　饱和型非线性环节的静态特性及其对应的控制系统

基于饱和型非线性的描述函数为

$$N(X)=\frac{2k}{\pi}\left[\arcsin\frac{s}{X}+\frac{s}{X}\sqrt{1-\left(\frac{s}{X}\right)^2}\right] \tag{1-62}$$

因而它的负倒特性为

$$-\frac{1}{N(X)}=\frac{-\pi}{2k\left[\arcsin\frac{s}{X}+\frac{s}{X}\sqrt{1-\left(\frac{s}{X}\right)^2}\right]} \tag{1-63}$$

显然，当 $X=s$ 时，$-\frac{1}{N(X)}$ 的起点为 $\left(-\frac{1}{k},\mathrm{j}0\right)$；当 $X\to\infty$ 时，$-\frac{1}{N(X)}\to\infty$，故它是一条位于实轴上起始于 $\left(-\frac{1}{k},\mathrm{j}0\right)$ 点、终止于 $-\infty$ 的直线，如图 1-74 中的粗实线所示。如果

$-\dfrac{1}{N(X)}$与$G(\mathrm{j}\omega)$两曲线相交，则系统会产生稳定的自持振荡。

图1-74　$-\dfrac{1}{N(X)}$与$G(\mathrm{j}\omega)$曲线

由图1-73可知

$$G(\mathrm{j}\omega)=\frac{10}{\mathrm{j}\omega(1+\mathrm{j}0.5\omega)(1+\mathrm{j}0.2\omega)} \tag{1-64}$$

$G(\mathrm{j}\omega)$曲线与负实轴相交处的频率为

$$\omega_A=\sqrt{10}=3.16,|G(\mathrm{j}\omega_A)|=1.43 \tag{1-65}$$

由$-\dfrac{1}{N(X_A)}=\mathrm{Re}G(\mathrm{j}\omega_A)$且$s=1,k=1$时，有

$$\frac{1}{N(X_A)}=\frac{\pi}{2k\left[\arcsin\dfrac{s}{X_A}+\dfrac{s}{X_A}\sqrt{1-\left(\dfrac{s}{X_A}\right)^2}\right]}=1.43 \tag{1-66}$$

查表1-2，N/k-s/X的关系可得：$s/X_A\approx0.57$，故$X_A=1.75$。

表1-2　N/k-s/X关系表

$\dfrac{X}{s}$	1	2	3	4	5	6	7	8	9	10
$-\dfrac{1}{N\left(\dfrac{X}{s}\right)}$	1	1.64	2.40	3.17	3.95	4.73	5.52	6.30	7.08	7.87

如果减小线性部分$G(\mathrm{j}\omega)$的增益，使之与$-\dfrac{1}{N(X)}$曲线不相交，则自持振荡消失，系统呈稳定状态运行。

根据以上计算知，当$s=1$、$k=1$时，饱和型非线性三阶系统的单位阶跃响应曲线如图1-75所示。其中振荡曲线的振荡周期为0.5 Hz。

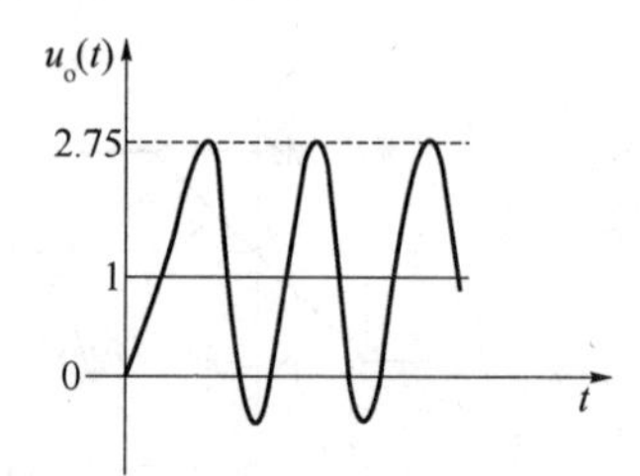

图1-75　饱和型非线性三阶系统的单位阶跃响应曲线

四、实验步骤

1. 继电器型非线性三阶系统

(1)根据二阶系统的原理框图，在没有加入继电器型非线性环节时，设计并组建三阶系统的模拟电路，如图1-76所示。

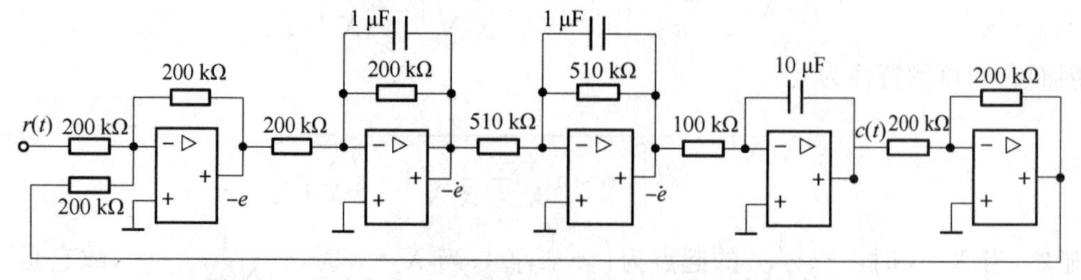

图1-76　没有加入继电型非线性环节时的三阶系统模拟电路

电路参考单元为通用单元 1、通用单元 2、通用单元 3、通用单元 4、反相器单元。

在系统输入端输入一个单位阶跃信号，用上位机软件观测并记录 $c(t)$ 输出端的实验响应曲线。

(2)在图 1-76 所示电路的基础上加入继电型非线性环节后，系统的模拟电路如图 1-77 所示。

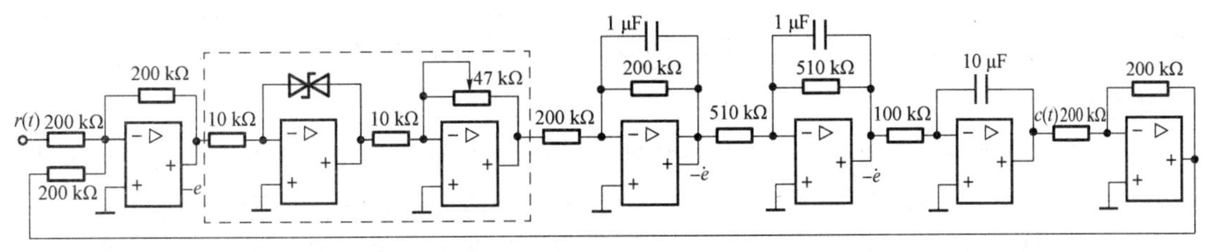

图 1-77　继电型非线性三阶系统的模拟电路

电路参考单元为通用单元 1、非线性单元、通用单元 2、通用单元 3、通用单元 4、反相器单元、电位器组。

在系统输入端输入一个单位阶跃信号。在下列几种情况下用上位机虚拟示波器观测系统 $c(t)$ 输出端信号的频率与幅值，并与理论计算值进行比较。

(1)当 47 kΩ 可调电位器调节到 1.8 kΩ 左右(继电型非线性的特性参数 $M=1$)时。

(2)当 47 kΩ 可调电位器调节到 3.6 kΩ 左右(继电型非线性的特性参数 $M=2$)时。

注：当 $M=2$ 时系统输出信号的频率与幅值需要实验人员自己参照 $M=1$ 的计算方法进行计算。改变阶跃信号的大小，重复(1)、(2)步骤。此时再用上位机虚拟示波器观测系统 $c(t)$ 输出端信号的频率与幅值。

2. 饱和型非线性三阶系统

(1)根据三阶系统的原理框图，在没有加入饱和型非线性环节时，设计并组建相应三阶系统的模拟电路，如图 1-78 所示。

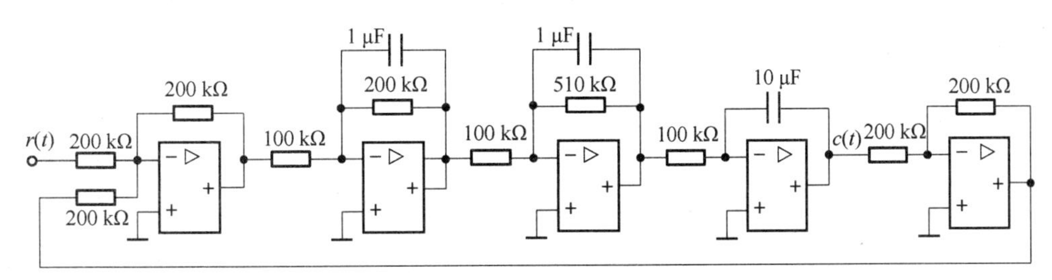

图 1-78　没有加入饱和型非线性环节时的三阶系统模拟电路

电路参考单元为通用单元 1、通用单元 2、通用单元 3、通用单元 4、反相器单元。

在系统输入端输入一个单位阶跃信号，用上位机软件观测并记录 $c(t)$ 输出端的实验响应曲线。

(2)在图 1-78 所示电路的基础上加入饱和型非线性环节后，系统的模拟电路如图 1-79 所示。

电路参考单元为通用单元 1、非线性单元、通用单元 2、通用单元 3、通用单元 4、反相器单

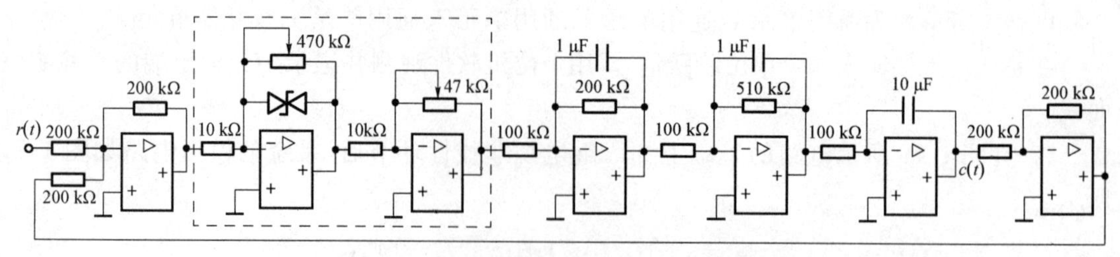

图 1-79　饱和型非线性三阶系统的模拟电路

元、电位器组。

(1)利用“实验七”饱和型非线性静态特性的测试方法，将饱和型非线性环节后一级运放中的电位器值调至 1.8 kΩ 左右(特性参数 $M=1$)，前一级运放中的电位器值调至 55.6 kΩ(特性参数 $k=1$)；然后在 $r(t)$输入端输入一个单位阶跃信号，用上位机虚拟示波器观测系统 $c(t)$输出端信号的频率与幅值，并与理论计算值进行比较。

改变阶跃信号的大小，再用上位机虚拟示波器观测系统 $c(t)$ 输出端信号的频率与幅值。

(2)将图 1-79 中第 5 个运放单元的 100 kΩ 电阻更换为 510 kΩ 电阻，再用上位机虚拟示波器观测系统 $c(t)$ 输出端的实验响应曲线。

(3)调节饱和型非线性环节前一级运放中的电位器，用上位机虚拟示波器观测系统 $c(t)$ 输出端的实验响应曲线。当系统自持振荡消除时，记下此时电位器的阻值，并计算此时的 k 值。

另外，本实验还可以通过改变 M 的方法观测系统输出端信号的频率与幅值。

五、实验报告

(1)观测继电型非线性系统的自持振荡，将由实验测量自持振荡的幅值与频率，并与理论计算值相比较，分析两者产生差异的原因。

(2)调节系统的开环增益 K，使饱和非线性系统产生自持振荡，由实验测量其幅值与频率，并与理论计算值相比较。

第二章　电机与拖动基础实验

实验一

直流并励电动机实验

一、实验目的

(1)掌握用实验方法测取直流并励电动机的工作特性和机械特性。

(2)掌握直流并励电动机的调速方法。

二、实验内容

(1)工作特性和机械特性。

保持$U=U_N$和$I_f=I_{fN}$不变,测取n、T_2、$\eta=f(I_a)$、$n=f(T_2)$。

(2)调速特性。

①改变电枢电压调速。

保持$U=U_N$,$I_f=I_{fN}$=常数,T_2=常数,测取$n=f(U_a)$。

②改变励磁电流调速。

保持$U=U_N$,T_2=常数,测取$n=f(I_f)$。

观察能耗制动过程。

三、实验原理

直流并励电动机实验原理如图 2-1 所示。

直流并励电动机能耗制动原理如图 2-2 所示。

四、实验步骤

1. 并励电动机的工作特性和机械特性

(1)按图 2-1 所示接线。校正直流测功机 MG 按他励发电机连接,在此作为直流电动机 M 的负载,用于测量电动机的转矩和输出功率。R_{f1}选用 D44 的 1 800 Ω 阻值。R_{f2}选用 D42 的 900 Ω 串联 900 Ω 共 1 800 Ω 阻值。R_1选用 D44 的 180 Ω 阻值。R_2选用 D42 的 900 Ω 串联 900 Ω 再加 900 Ω 并联 900 Ω 共 2 250 Ω 阻值。

(2)将直流并励电动机 M 的磁场调节电阻R_{f1}调至最小值,电枢串联起动电阻R_1调至最大值,接通控制屏下边右方的电枢电源开关使其起动,其旋转方向应符合转速表正向旋转的要求。

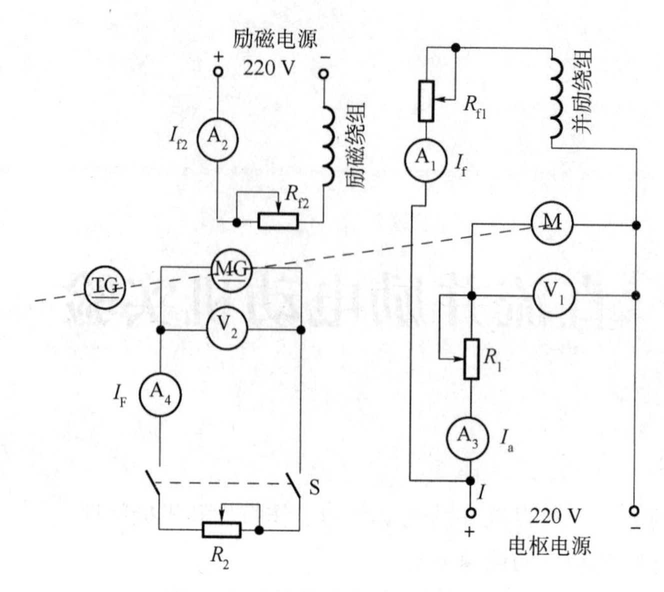

图 2-1　直流并励电动机实验原理

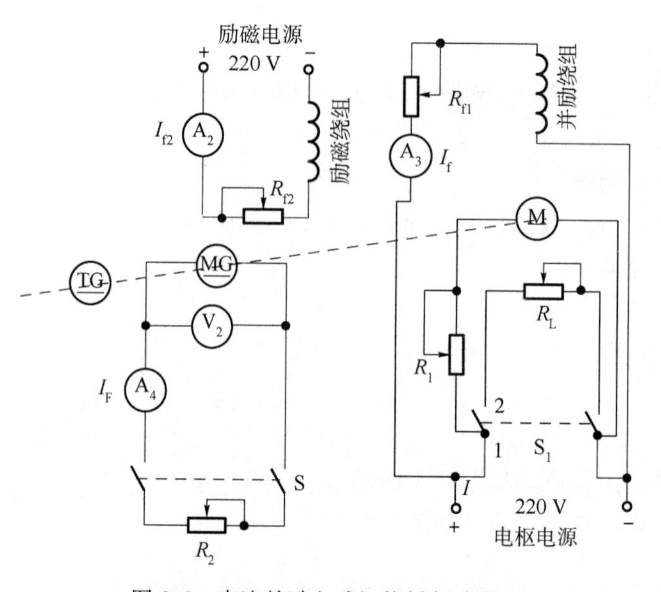

图 2-2　直流并励电动机能耗制动原理

(3)M 起动正常后，将其电枢串联电阻 R_1 调至零，调节电枢电源的电压为 220 V，调节校正直流测功机的励磁电流 I_{f2} 为校正值(50 mA 或 100 mA)，再调节其负载电阻 R_2 和电动机的磁场调节电阻 R_{f1}，使电动机达到额定值：$U=U_N$、$I=I_N$、$n=n_N$。此时，M 的励磁电流 I_f 即为额定励磁电流 I_{fN}。

(4)保持 $U=U_N$、$I_f=I_{fN}$、I_{f2} 为校正值不变的条件下，逐次减小电动机负载。测取电动机电枢输入电流 I_a、转速 n 和校正电机的负载电流 I_F（由校正曲线查出电动机输出对应转矩 T_2）。共取数据 9～10 组，记录于表 2-1 中。

表 2-1　并励电动机特性数据记录表

($U=U_N=$____V,$I_f=I_{fN}=$____mA,$I_{f2}=$____mA)

实验数据	I_a/A										
	n/(r·min^{-1})										
	I_F/A										
	T_2/(N·m)										
计算数据	P_2/W										
	P_1/W										
	η/%										
	Δn/%										

2. 调速特性

1)改变电枢端电压的调速

(1)直流电动机 M 运行后,将电阻 R_1 调至零,I_{f2} 调至校正值,再调节负载电阻 R_2、电枢电压及磁场调节电阻 R_{f1},使 M 的 $U=U_N$、$I=0.5I_N$、$I_f=I_{fN}$,记下此时 MG 的 I_F 值。

(2)保持此时的 I_F 值(即 T_2 值)和 $I_f=I_{fN}$ 不变,逐次增加 R_1 的阻值,降低电枢两端的电压 U_a、使 R_1 从零调至最大值,每次测取电动机的端电压 U_a、转速 n 和电枢电流 I_a。

(3)共取数据 8～9 组,记录于表 2-2 中。

表 2-2　并励电动机改变电枢端电压调速方式一转速电流记录表

($I_f=I_{fN}=$____mA,$T_2=$____N·m)

U_a/V									
n/(r·min^{-1})									
I_a/A									

2)改变励磁电流的调速

(1)直流电动机运行后,将 M 的电枢串联电阻 R_1 和磁场调节电阻 R_{f1} 调至零,将 MG 的磁场调节电阻 R_{f2} 调至校正值,再调节 M 的电枢电源调压旋钮和 MG 的负载,使电动机 M 的 $U=U_N$、$I=0.5I_N$,记下此时的 I_F 值。

(2)保持此时 MG 的 I_F 值(T_2 值)和 M 的 $U=U_N$ 不变,逐次增加磁场调节电阻阻值,直至 $n=1.3n_N$,每次测取电动机的 n、I_f 和 I_a,共取 7～8 组记录于表 2-3 中。

表 2-3　并励电动机改变励磁电流调速方式一电流记录表

($U=U_N=$____V,$T_2=$____N·m)

n/(r·min^{-1})								
I_f/mA								
I_a/A								

3)能耗制动

(1)按图 2-2 所示接线,先把 S_1 合向 2 端,合上控制屏下方右边的电枢电源开关,把 M 的 R_{f1} 调至零,使电动机的励磁电流最大。

(2)把 M 的电枢串联起动电阻 R_1 调至最大,把 S_1 合至电枢电源,使电动机起动,能耗制动电阻 R_L 选用 D41 上 180 Ω 阻值。

(3)运转正常后,从 S_1 任一端拔出一根导线插头,使电枢开路。由于电枢开路,电机处于自由停机状态,记录停机时间。

(4)重复起动电动机,待运转正常后,把 S_1 合向 R_L 端,记录停机时间。

(5)选择 R_L 不同的阻值,观察对停机时间的影响。

五、实验报告

(1)计算 P_2 和 η,并给出 n、T_2、$\eta=f(I_a)$ 及 $n=f(T_2)$ 的特性曲线。

电动机输出功率为

$$P_2=0.105nT_2$$

式中:输出转矩 T_2 的单位为 N·m(由 I_{f2} 及 I_F 值,从校正曲线 $T_2=f(I_F)$ 查得),转速 n 的单位为 r/min。

电动机输入功率为

$$P_1=UI \tag{2-1}$$

输入电流为

$$I=I_a+I_{fN} \tag{2-2}$$

电动机效率为

$$\eta=\frac{P_2}{P_1}\times 100\% \tag{2-3}$$

由工作特性求出转速变化率为

$$\Delta n\%=\frac{n_0-n_N}{n_N}\times 100\% \tag{2-4}$$

(2)绘出并励电动机调速特性曲线 $n=f(U_a)$ 和 $n=f(I_f)$。分析在恒转矩负载时两种调速的电枢电流变化规律以及两种调速方法的优缺点。

(3)能耗制动时间与制动电阻 R_L 的阻值有什么关系?为什么?该制动方法有什么缺点?

实验二

他励发电机实验

一、实验目的

(1)掌握用实验方法测定他励直流发电机的各种运行特性。

(2)能够根据所测得的运行特性评定该被试电机的有关性能。

二、实验内容

(1)测空载特性。保持 $n=n_N$,使 $I_L=0$,测取 $U_0=f(I_f)$。

(2)测外特性。保持 $n=n_N$,使 $I_f=I_{fN}$,测取 $U=f(I_L)$。

(3)测调节特性。保持 $n=n_N$,使 $U=U_N$,测取 $I_f=f(I_L)$。

三、实验原理

直流他励发电机实验原理如图 2-3 所示。

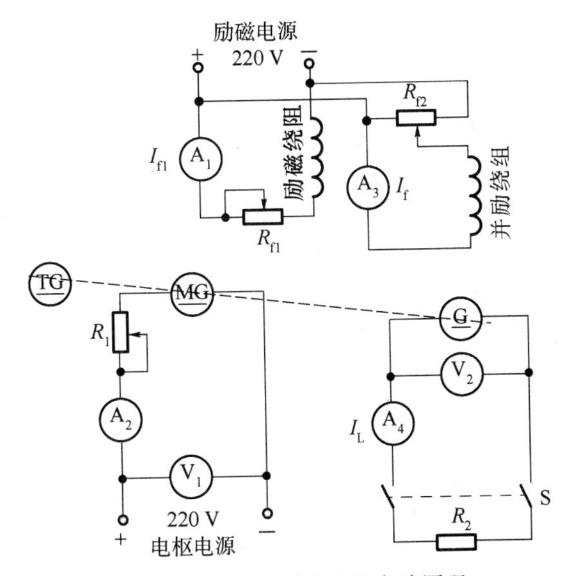

图 2-3 直流他励发电机实验原理

四、实验步骤

按图 2-3 所示接线。图中直流发电机 G 选用 DJ13，其额定值 $P_N=100$ W，$U_N=200$ V，$I_N=0.5$ A，$n_N=1\ 600$ r/min。校正直流测功机 MG 作为 G 的原动机（按他励电动机接线）。MG、G 及 TG 由联轴器直接连接。开关 S 选用 D51 组件。R_{f1} 选用 D44 的 1 800 Ω 变阻器，R_{f2} 选用 D42 的 900 Ω 变阻器，并采用分压器接法。R_1 选用 D44 的 180 Ω 变阻器。R_2 为发电机的负载电阻，选用 D42，采用串并联接法（900 Ω 与 900 Ω 电阻串联加上 900 Ω 与 900 Ω 并联），阻值为 2 250 Ω。当负载电流大于 0.4 A 时用并联部分，而将串联部分阻值调到最小并用导线短接。直流电流表、电压表选用 D31，并选择合适的量程。

1. 测空载特性

（1）把发电机 G 的负载开关 S 打开，接通控制屏上的励磁电源开关，将 R_{f2} 调至使 G 励磁电压最小的位置。

（2）使 MG 电枢串联起动电阻 R_1 阻值最大，R_{f1} 阻值最小。仍先接通控制屏下方左边的励磁电源开关，在观察到 MG 的励磁电流为最大的条件下，再接通控制屏下方右边的电枢电源开关，起动直流电动机 MG，其旋转方向应符合正向旋转的要求。

（3）电动机 MG 起动正常运转后，将 MG 电枢串联电阻 R_1 调至最小值，将 MG 的电枢电源电压调为 220 V，调节电动机磁场调节电阻 R_{f1}，使发电机转速达到额定值，并在以后整个实验过程中始终保持此额定转速不变。

（4）调节发电机励磁分压电阻 R_{f2}，使发电机空载电压达 $U_0=1.2U_N$ 为止。

（5）在保持 $n=n_N=1\ 600$ r/min 条件下，从 $U_0=1.2U_N$ 开始，单方向调节分压器电阻 R_{f2}，使发电机励磁电流逐次减小，每次测取发电机的空载电压 U_0 和励磁电流 I_f，直至 $I_f=0$（此时测得的电压即为电机的剩磁电压）。

（6）测取数据时，$U_0=U_N$ 和 $I_f=0$ 两点必测，并在 $U_0=U_N$ 附近测点应较密。

（7）共测取 7～8 组数据，记录于表 2-4 中。

表 2-4　直流他励发电机空载特性数据记录表

（$n=n_N=1\ 600$ r/min，$I_L=0$）

U_0/V								
I_f/mA								

2. 测外特性

（1）把发电机负载电阻 R_2 调到最大值，合上负载开关 S。

（2）同时调节电动机的磁场调节电阻 R_{f1}，发电机的分压电阻 R_{f2} 和负载电阻 R_2 使发电机的 $I_L=I_N$，$U=U_N$，$n=n_N$，该点为发电机的额定运行点，其励磁电流称为额定励磁电流 I_{fN}，记录该组数据。

（3）在保持 $n=n_N$ 和 $I_f=I_{fN}$ 不变的条件下，逐次增加负载电阻 R_2，即减小发电机负载电流 I_L，从额定负载到空载运行点范围内，每次测取发电机的电压 U 和电流 I_L，直到空载（断开开关 S，此时 $I_L=0$），共取 6～7 组数据，记录于表 2-5 中。

表 2-5　直流他励发电机外特性数据记录表

（$n=n_N=$____r/min，$I_f=I_{fN}=$____mA）

U/V							
I_L/A							

3. 测调节特性

（1）调节发电机的分压电阻 R_{f2}，保持 $n=n_N$，使发电机空载达到额定电压。

（2）在保持发电机 $n=n_N$ 条件下，合上负载开关 S，调节负载电阻 R_2，逐次增加发电机输出电流 I_L，同时相应调节发电机励磁电流 I_f，使发电机端电压保持额定值 $U=U_N$。

（3）从发电机的空载至额定负载范围内，每次测取发电机的输出电流 I_L 和励磁电流 I_f，共取 5～6 组数据，记录于表 2-6 中。

表 2-6　直流他励发电机调整特性数据记录表

（$n=n_N=$____r/min，$U=U_N=$____V）

I_L/A								
I_f/mA								

五、实验报告

（1）根据空载实验数据，作出空载特性曲线，由空载特性曲线计算出被试电机的饱和系数和剩磁电压的百分数。

（2）绘出他励发电机调节特性曲线，分析在发电机转速不变的条件下，为什么负载增加时要保持端电压不变，必须增加励磁电流的原因。

实验三

并励发电机实验

一、实验目的

(1)掌握用实验方法测定并励发电机的各种运行特性,并根据所测得的运行特性评定该被试电机的有关性能。

(2)通过实验观察并励发电机的自励过程和自励条件。

二、实验内容

(1)观察自励过程。

(2)测外特性。保持 $n=n_N$,使 $R_{f2}=$常数,测取 $U=f(I_L)$。

三、实验原理

直流并励发电机实验原理如图 2-4 所示。

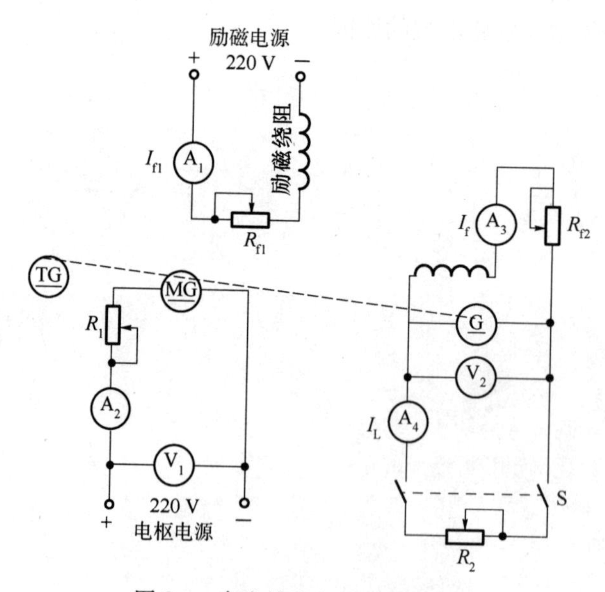

图 2-4　直流并励发电机实验原理

四、实验步骤

1. 观察自励过程

（1）按实验注意事项使电机 MG 停机，在断电的条件下将发电机 G 的励磁方式改为并励，接线如图 2-4 所示。R_{f2}选用 D42 的 900 Ω 电阻两只，串联并调至最大阻值，打开开关 S。

（2）起动电动机，调节电动机的转速，使发电机的转速 $n=n_N$，用直流电压表测量发电机是否有剩磁电压，若无剩磁电压，可将并励绕组改接成他励方式进行充磁。

（3）合上开关 S，逐渐减小 R_{f2}，观察发电机电枢两端的电压，若电压逐渐上升，说明满足自励条件。如果不能自励建压，将励磁回路的两个端头对调连接即可。

（4）对应一定的励磁电阻，逐步降低发电机转速，使发电机电压随之下降，直至电压不能建立，此时的转速即为临界转速。

2. 测外特性

（1）按图 2-4 所示接线。调节负载电阻 R_2到最大，合上负载开关 S。

（2）调节电动机的磁场调节电阻 R_{f1}、发电机的磁场调节电阻 R_{f2}和负载电阻 R_2，使发电机的转速、输出电压和电流三者均达到额定值，即 $n=n_N$、$U=U_N$、$I_L=I_N$。

（3）保持此时 R_{f2}的值和 $n=n_N$不变，逐次减小负载，直至 $I_L=0$，从额定到空载运行范围内每次测取发电机的电压 U 和电流 I_L。

（4）共取 6～7 组数据，记录于表 2-7 中。

表 2-7　直流并励发电机外特性数据记录表

（$n=n_N=$____r/min，$R_{f2}=$常值）

U/V							
I_L/A							

五、实验报告

（1）根据空载实验数据，作出空载特性曲线，由空载特性曲线计算出被试电机的饱和系数和剩磁电压的百分数。

（2）在同一坐标纸上绘出他励、并励和复励发电机的 3 条外特性曲线。分别算出 3 种励磁方式的电压变化率：$\Delta U\%=\frac{U_0-U_N}{U_N}\times 100\%$，并分析差异原因。

（3）绘出他励发电机调整特性曲线，分析在发电机转速不变的条件下，为什么负载增加时要保持端电压不变，必须增加励磁电流的原因。

实验四

单相变压器实验

一、实验目的

(1)通过空载和短路实验测定变压器的变比和参数。

(2)通过负载实验测取变压器的运行特性。

二、实验内容

1)空载实验

测取空载特性:$U_0=f(I_0)$,$P_0=f(U_0)$,$\cos\varphi_0=f(U_0)$。

2)短路实验

测取短路特性:$U_K=f(I_K)$,$P_K=f(I_K)$,$\cos\varphi_K=f(I_K)$。

3)负载实验

(1)纯电阻负载。保持 $U_1=U_N$,$\cos\varphi_2=1$ 的条件下,测取 $U_2=f(I_2)$。

(2)阻感性负载。保持 $U_1=U_N$,$\cos\varphi_2=0.8$ 的条件下,测取 $U_2=f(I_2)$。

三、实验原理

空载实验原理如图 2-5 所示。

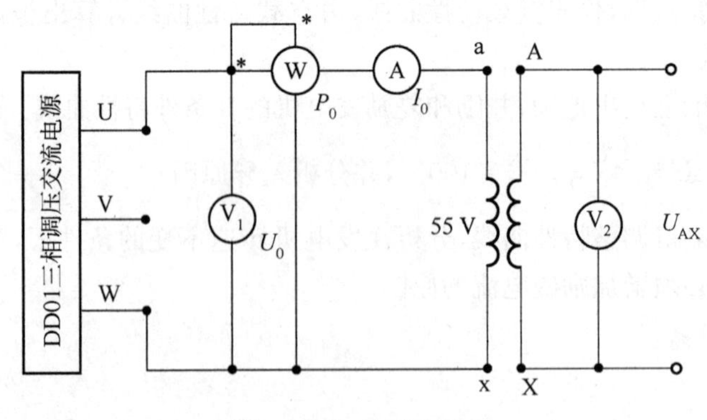

图 2-5 空载实验原理

短路实验原理如图 2-6 所示。

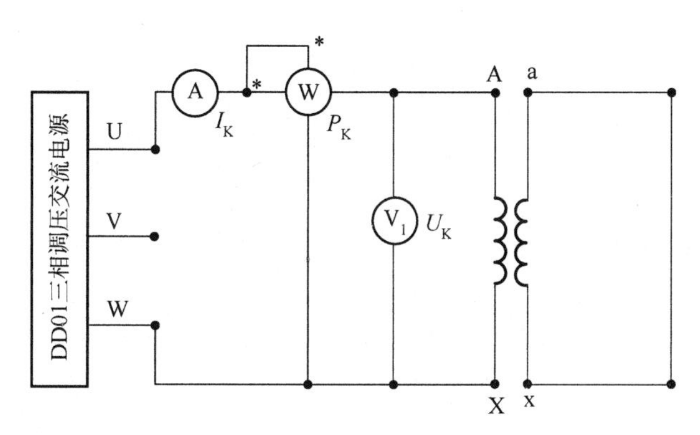

图 2-6　短路实验原理

负载实验原理如图 2-7 所示。

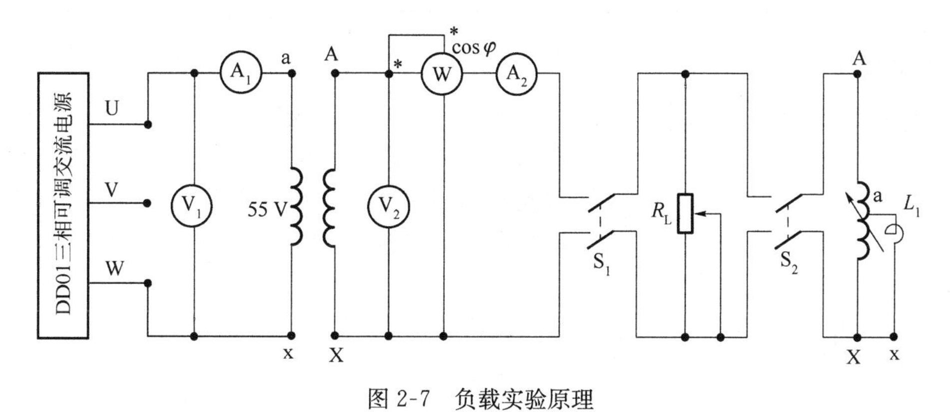

图 2-7　负载实验原理

四、实验步骤

1. 空载实验

(1)在三相调压交流电源断电的条件下，按图 2-5 所示接线。被测变压器选用三相组式变压器 DJ11 中的一只作为单相变压器，其额定容量 $P_N=77$ W，$U_{1N}/U_{2N}=220/55$ V，$I_{1N}/I_{2N}=0.35/1.4$ A。变压器的低压线圈 a、x 接电源，高压线圈 A、X 开路。

(2)选好所有电表量程。将控制屏左侧调压器旋钮向逆时针方向旋转到底，即将其调到输出电压为零的位置。

(3)合上交流电源总开关，按下“开”按钮，接通三相交流电源。调节三相调压器旋钮，使变压器空载电压 $U_0=1.2U_N$，然后逐次降低电源电压，在$(1.2\sim0.2)U_N$的范围内，测取变压器的 U_0、I_0、P_0。

(4)测取数据时，$U=U_N$点必须测，并在该点附近测的点较密，共测取数据 7～8 组，记录于表 2-8 中。

(5)为了计算变压器的变比，在 U_N以下测取原边电压的同时测出副边电压数据，并记录于表 2-8 中。

表 2-8　单相变压器空载实验数据记录表

序号	实验数据				计算数据
	U_0/V	I_0/A	P_0/W	U_{AX}/V	$\cos\varphi_0$

2. 短路实验

(1)按下控制屏上的“关”按钮，切断三相调压交流电源。按图 2-6 所示接线(以后每次改接线路，都要关断电源)。将变压器的高压线圈接电源，低压线圈直接短路。

(2)选好所有电表量程，将交流调压器旋钮调到输出电压为零的位置。

(3)接通交流电源，逐次缓慢增加输入电压，直到短路电流等于 $1.1I_N$ 为止，在 $(0.2\sim1.1)I_N$ 范围内测取变压器的 U_K、I_K、P_K。

(4)测取数据时，$I_K=I_N$ 点必须测，共测取数据 6～7 组，记录于表 2-9 中。实验时记下周围环境温度(℃)。

表 2-9　单相变压器短路实验数据记录表

(室温____℃)

序号	实验数据			计算数据
	U_K/V	I_K/A	P_K/W	$\cos\varphi_K$

3. 负载实验

负载实验线路如图 2-7 所示。变压器低压线圈接电源，高压线圈经过开关 S_1 和 S_2，接到负载电阻 R_L 和电抗 X_L 上。R_L 选用 D42 上 900 Ω 加上 900 Ω 共 1 800 Ω 阻值，X_L 选用 D43，功率因数表选用 D34-3，开关 S_1 和 S_2 选用 D51 挂箱。

1)纯电阻负载

(1)将调压器旋钮调到输出电压为零的位置,S_1、S_2打开,负载电阻值调到最大。

(2)接通交流电源,逐渐升高电源电压,使变压器输入电压 $U_1=U_N$。

(3)保持 $U_1=U_N$,合上 S_1,逐渐增加负载电流,即减小负载电阻 R_L的值,从空载到额定负载的范围内,测取变压器的输出电压 U_2和电流 I_2。

(4)测取数据时,$I_2=0$ 和 $I_2=I_{2N}=0.35$ A 点必测,共测取数据 6～7 组,记录于表 2-10 中。

表 2-10　单相变压器纯电阻负载实验数据记录表

($\cos\varphi_2=1, U_1=U_N=$____V)

序号							
U_2/V							
I_2/A							

2)阻感性负载($\cos\varphi_2=0.8$)

(1)用电抗器 X_L和 R_L并联作为变压器的负载,S_1、S_2打开,电阻及电抗值调至最大。

(2)接通交流电源,升高电源电压至 $U_1=U_{1N}$。

(3)合上 S_1、S_2,在保持 $U_1=U_N$及 $\cos\varphi_2=0.8$ 的条件下,逐渐增加负载电流,从空载到额定负载的范围内,测取变压器 U_2和 I_2。

(4)测取数据时,其 $I_2=0$、$I_2=I_{2N}$两点必测,共测取数据 6～7 组,记录于表 2-11 中。

表 2-11　单相变压器阻感性负载实验数据记录表

($\cos\varphi_2=0.8, U_1=U_N=$____V)

序号								
U_2/V								
I_2/A								

五、实验报告

(1)计算变比。

由空载实验测变压器的原、副边电压的数据,分别计算出变比,然后取其平均值作为变压器的变比 K,即

$$K=\frac{U_{AX}}{U_{ax}}$$

(2)绘出空载特性曲线并计算励磁参数。

绘出空载特性曲线 $U_0=f(I_0)$,$P_0=f(U_0)$,$\cos\varphi_0=f(U_0)$。

式中:

$$\cos\varphi_0=\frac{P_0}{U_0 I_0} \tag{2-5}$$

从空载特性曲线上查出对应于 $U_0=U_N$时的 I_0和 P_0值,并由式(2-6)至式(2-8)计算出励

磁参数，即

$$r_{\mathrm{m}} = \frac{P_0}{I_0^2} \tag{2-6}$$

$$Z_{\mathrm{m}} = \frac{U_0}{I_0} \tag{2-7}$$

$$X_{\mathrm{m}} = \sqrt{Z_{\mathrm{m}}^2 - r_{\mathrm{m}}^2} \tag{2-8}$$

(3)绘出短路特性曲线和计算短路参数。

绘出短路特性曲线 $U_{\mathrm{K}}=f(I_{\mathrm{K}})$，$P_{\mathrm{K}}=f(I_{\mathrm{K}})$，$\cos\varphi_{\mathrm{K}}=f(I_{\mathrm{K}})$。

从短路特性曲线上查出对应于短路电流 $I_{\mathrm{K}}=I_{\mathrm{N}}$时的 U_{K}和 P_{K}值，由式(2-9)至式(2-11)计算出实验环境温度为 θ(℃)时的短路参数，即

$$Z'_{\mathrm{K}} = \frac{U_{\mathrm{K}}}{I_{\mathrm{K}}} \tag{2-9}$$

$$r'_{\mathrm{K}} = \frac{P_{\mathrm{K}}}{I_{\mathrm{K}}^2} \tag{2-10}$$

$$X'_{\mathrm{K}} = \sqrt{Z'^2_{K} - r'^2_{K}} \tag{2-11}$$

折算到低压方，即

$$Z_{\mathrm{K}} = \frac{Z'_{\mathrm{K}}}{K^2} \tag{2-12}$$

$$r_{\mathrm{K}} = \frac{r'_{\mathrm{K}}}{K^2} \tag{2-13}$$

$$X_{\mathrm{K}} = \frac{X'_{\mathrm{K}}}{K^2} \tag{2-14}$$

由于短路电阻 r_{K}随温度变化。因此，计算出的短路电阻应按国家标准换算到基准工作温度 75 ℃时的阻值，即

$$r_{\mathrm{K75℃}} = r_{\mathrm{K}\theta}\frac{234.5+75}{234.5+\theta} \tag{2-15}$$

$$Z_{\mathrm{K75℃}} = \sqrt{r_{\mathrm{K75℃}}^2 + X_{\mathrm{K}}^2} \tag{2-16}$$

式中：234.5 为铜导线的常数，若用铝导线，则常数应改为 228。

计算短路电压(阻抗电压)百分数，即

$$u_{\mathrm{K}} = \frac{I_{\mathrm{N}}Z_{\mathrm{K75℃}}}{U_{\mathrm{N}}} \times 100\% \tag{2-17}$$

$$u_{\mathrm{K}r} = \frac{I_{\mathrm{N}}r_{\mathrm{K75℃}}}{U_{\mathrm{N}}} \times 100\% \tag{2-18}$$

$$u_{\mathrm{K}X} = \frac{I_{\mathrm{N}}X_{\mathrm{K}}}{U_{\mathrm{N}}} \times 100\% \tag{2-19}$$

当 $I_{\mathrm{K}}=I_{\mathrm{N}}$时，短路损耗 $P_{\mathrm{KN}} = I_{\mathrm{N}}^2 r_{\mathrm{K75℃}}$。 (2-20)

(4)利用空载和短路实验测定的参数，画出被试变压器折算到低压方的 T 形等效电路。

(5)变压器的电压变化率 Δu。

①绘出 $\cos\varphi_2=1$ 和 $\cos\varphi_2=0.8$ 两条外特性曲线 $U_2=f(I_2)$，由特性曲线计算出 $I_2=I_{2\mathrm{N}}$

时的电压变化率，即

$$\Delta u = \frac{U_{20} - U_2}{U_{20}} \times 100\% \tag{2-21}$$

②根据实验求出的参数，计算出 $I_2 = I_{2N}$、$\cos\varphi_2 = 1$ 和 $I_2 = I_{2N}$、$\cos\varphi_2 = 0.8$ 时的电压变化率 Δu，即

$$\Delta u = u_{Kr}\cos\varphi_2 + u_{KX}\sin\varphi_2 \tag{2-22}$$

将两种计算结果进行比较，并分析不同性质的负载对变压器输出电压 U_2 的影响。

(6)绘出被试变压器的效率特性曲线。

用间接法计算出 $\cos\varphi_2 = 0.8$、不同负载电流时的变压器效率，记录于表 2-12 中。

$$\eta = \left(1 - \frac{P_0 + I_2^{*2} P_{KN}}{I_2^* P_N \cos\varphi_2 + P_0 + I_2^{*2} P_{KN}}\right) \times 100\% \tag{2-23}$$

其中：

$$I_2^* P_N \cos\varphi_2 = P_2 \tag{2-24}$$

式中：P_{KN} 为变压器 $I_K = I_N$ 时的短路损耗(W)；P_0 为变压器 $U_0 = U_N$ 时的空载损耗(W)；$I_2^* = I_2 / I_{2N}$ 为副边电流标幺值。

表 2-12　单相变压器效率表

($\cos\varphi_2 = 0.8$，$P_0 =$____W，$P_{KN} =$____W)

I_2^*	P_2/W	η
0.2		
0.4		
0.6		
0.8		
1.0		
1.2		

由计算数据绘出变压器的效率曲线 $\eta = f(I_2^*)$。

计算被试变压器 $\eta = \eta_{max}$ 时的负载系数 β_m。

$$\beta_m = \sqrt{\frac{P_0}{P_{KN}}} \tag{2-25}$$

实验五

三相变压器实验

一、实验目的

(1)通过空载和短路实验,测定三相变压器的变比和参数。

(2)通过负载实验,测取三相变压器的运行特性。

二、实验内容

(1)测定变比。

(2)空载实验。

测取空载特性:$U_{0L}=f(I_{0L})$,$P_0=f(U_{0L})$,$\cos\varphi_0=f(U_{0L})$。

(3)短路实验。

测取短路特性:$U_{KL}=f(I_{KL})$,$P_K=f(I_{KL})$,$\cos\varphi_K=f(I_{KL})$。

(4)纯电阻负载实验。

保持 $U_1=U_{1N}$,$\cos\varphi_2=1$ 的条件下,测取 $U_2=f(I_2)$。

三、实验原理

三相变压器变比实验原理如图 2-8 所示。

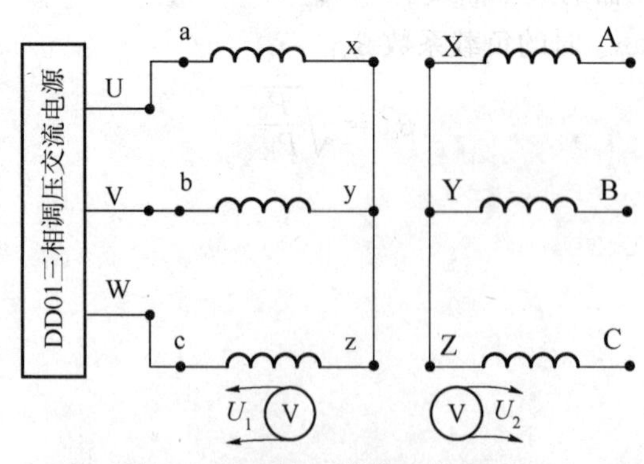

图 2-8　三相变压器变比实验原理

三相变压器空载实验原理如图 2-9 所示。

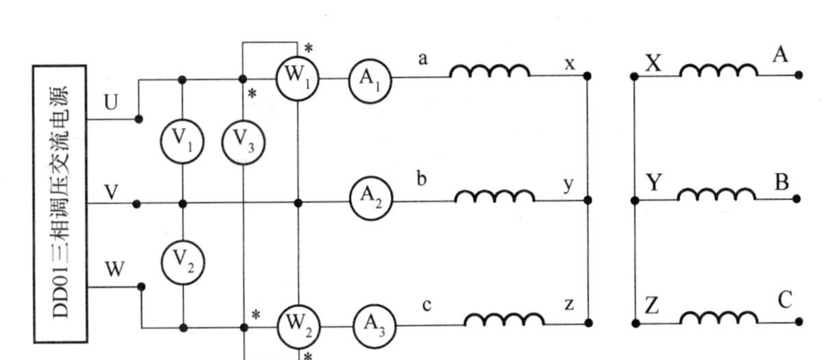

图 2-9　三相变压器空载实验原理

三相变压器短路实验原理如图 2-10 所示。

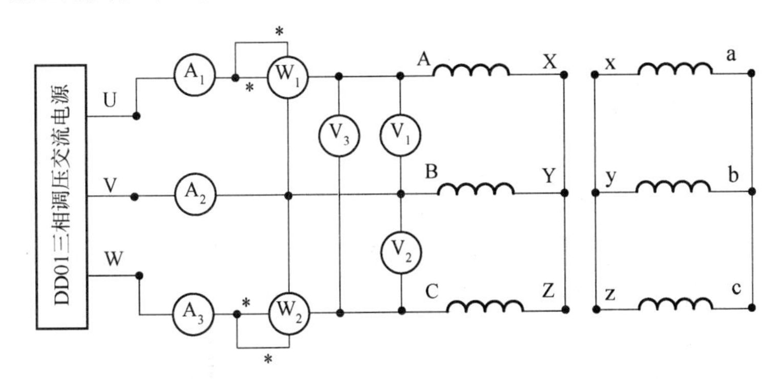

图 2-10　三相变压器短路实验原理

三相变压器负载实验原理如图 2-11 所示。

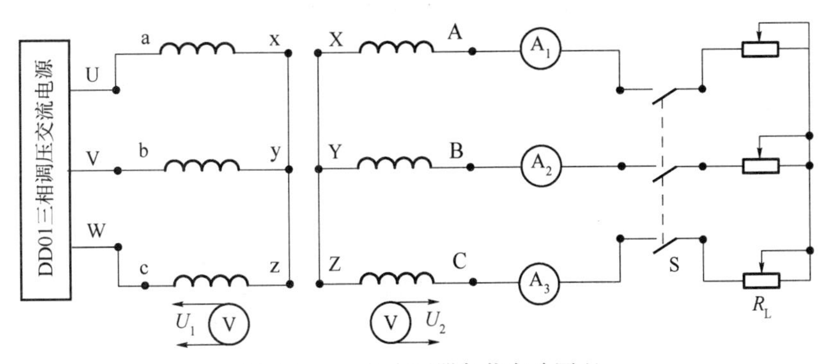

图 2-11　三相变压器负载实验原理

四、实验步骤

1. 测定变比

实验线路如图 2-8 所示，被测变压器选用 DJ12 三相三线圈心式变压器，额定容量 $P_N=152/152/152$ W，$U_N=220/63.6/55$ V，$I_N=0.4/1.38/1.6$ A，Y/Δ/Y 接法。实验时只用高、低压两组线圈，低压线圈接电源，高压线圈开路。将三相交流电源调到输出电压为零的位置。开启控制屏上电源总开关，按下“开”按钮，电源接通后，调节外施电压 $U=0.5U_N=27.5$ V，测取高、低压线圈的线电压U_{AB}、U_{BC}、U_{CA}、U_{ab}、U_{bc}、U_{ca}，记录于表 2-13 中。

表 2-13 三相变压器变比记录表

高压绕组线电压/V		低压绕组线电压/V		变比 K	
U_{AB}		U_{ab}		K_{AB}	
U_{BC}		U_{bc}		K_{BC}	
U_{CA}		u_{ca}		K_{CA}	

计算变比 K，即

$$K_{AB}=\frac{U_{AB}}{U_{ab}},\quad K_{BC}=\frac{U_{BC}}{U_{bc}},\quad K_{CA}=\frac{U_{CA}}{U_{ca}} \tag{2-26}$$

计算平均变比，即

$$K=\frac{1}{3}(K_{AB}+K_{BC}+K_{CA}) \tag{2-27}$$

2. 空载实验

(1)将控制屏左侧三相交流电源的调压旋钮调到输出电压为零的位置，按下“关”按钮，在断电的条件下，按图 2-9 所示接线。变压器低压线圈接电源，高压线圈开路。

(2)按下“开”按钮，接通三相交流电源，调节电压，使变压器的空载电压 $U_{0L}=1.2U_N$。

(3)逐次降低电源电压，在(1.2～0.2)U_N范围内测取变压器三相线电压、线电流和功率。

(4)测取数据时，其中 $U_0=U_N$的点必测，且在其附近多测几组。共取数据 8～9 组，记录于表 2-14 中。

表 2-14 三相变压器空载实验记录表

序号	实验数据								计算数据			
	U_{0L}/V			I_{0L}/A			P_0/W		U_{0L}/V	I_{0L}/A	P_0/W	$\cos\varphi_0$
	U_{ab}	U_{bc}	U_{ca}	I_{a0}	I_{b0}	I_{c0}	P_{01}	P_{02}				

3. 短路实验

(1)将三相交流电源的输出电压调至零值。按下“关”按钮，在断电的条件下，按图 2-10 所示接线。变压器高压线圈接电源，低压线圈直接短路。

(2)按下“开”按钮，接通三相交流电源，缓慢增大电源电压，使变压器的短路电流 $I_{KL}=1.1I_N$。

(3)逐次降低电源电压，在(1.1～0.2)I_N范围内测取变压器的三相输入电压、电流及功率。

(4)测取数据时，其中 $I_{KL}=I_N$点必测，共取数据 5～6 组，记录于表 2-15 中。实验时记下周围环境温度(℃)，作为线圈的实际温度。

表 2-15　三相变压器短路实验记录表

(室温____℃)

序号	实验数据								计算数据			
	U_{KL}/V			I_{KL}/A			P_K/W		U_{KL}/V	I_{KL}/A	P_K/W	$\cos\varphi_K$
	U_{AB}	U_{BC}	U_{CA}	I_{AK}	I_{BK}	I_{CK}	P_{K1}	P_{K2}				

4. 纯电阻负载实验

(1)将电源电压调至零值，按下“关”按钮。按图 2-11 所示接线。变压器低压线圈接电源，高压线圈经开关 S 接负载电阻 R_L，R_L选用 D42 的 1 800 Ω 变阻器，共 3 只，开关 S 选用 D51 挂件。

(2)将负载电阻 R_L阻值调至最大，打开开关 S。

(3)按下“开”按钮，接通电源，调节交流电压，使变压器的输入电压 $U_1=U_{1N}$。

在保持 $U_1=U_{1N}$的条件下，合上开关 S，逐次增加负载电流，从空载到额定负载范围内，测取三相变压器输出线电压和相电流。

(4)测取数据时，其中 $I_2=0$ 和 $I_2=I_{2N}$两点必测。共取数据 7～8 组，记录于表 2-16 中。

表 2-16　三相变压器纯电阻负载实验数据记录表

($U_1=U_{1N}=$____V，$\cos\varphi_2=1$)

序号	U_2/V				I_2/A			
	U_{AB}	U_{BC}	U_{CA}	U_2	I_A	I_B	I_C	I_2

五、实验报告

(1)计算变压器的变比。

根据实验数据,计算各线电压之比,然后取其平均值作为变压器的变比。

$$K_{AB}=\frac{U_{AB}}{U_{ab}},\quad K_{BC}=\frac{U_{BC}}{U_{bc}},\quad K_{CA}=\frac{U_{CA}}{U_{ca}} \tag{2-28}$$

(2)根据空载实验数据作空载特性曲线并计算励磁参数。

绘出空载特性曲线 $U_{0L}=f(I_{0L})$,$P_0=f(U_{0L})$,$\cos\varphi_0=f(U_{0L})$。

$$U_{0L}=\frac{U_{ab}+U_{bc}+U_{ca}}{3} \tag{2-29}$$

$$I_{0L}=\frac{I_a+I_b+I_c}{3} \tag{2-30}$$

$$P_0=P_{01}+P_{02} \tag{2-31}$$

$$\cos\varphi_0=\frac{P_0}{\sqrt{3}U_{0L}I_{0L}} \tag{2-32}$$

从空载特性曲线查出对应于 $U_{0L}=U_N$时的 I_{0L}和 P_0值,并由式(2-33)至式(2-35)求取励磁参数。

$$r_m=\frac{P_0}{3I_{0\varphi}^2} \tag{2-33}$$

$$Z_m=\frac{U_{0\varphi}}{I_{0\varphi}}=\frac{U_{0L}}{\sqrt{3}I_{0L}} \tag{2-34}$$

$$X_m=\sqrt{Z_m^2-r_m^2} \tag{2-35}$$

式中:$U_{0\varphi}=\frac{U_{0L}}{\sqrt{3}}$、$I_{0\varphi}=I_{0L}$、$P_0$分别为变压器空载相电压、相电流、三相空载功率。

(注:Y 接法,以后计算变压器和电机参数时都要换算成相电压、相电流)。

(3)绘出短路特性曲线和计算短路参数。

绘出短路特性曲线 $U_{KL}=f(I_{KL})$,$P_K=f(I_{KL})$,$\cos\varphi_K=f(I_{KL})$。

其中:

$$U_{KL}=\frac{U_{AB}+U_{BC}+U_{CA}}{3} \tag{2-36}$$

$$I_{KL}=\frac{I_{AK}+I_{BK}+I_{CK}}{3} \tag{2-37}$$

$$P_K=P_{K1}+P_{K2} \tag{2-38}$$

$$\cos\varphi_K=\frac{P_K}{\sqrt{3}U_{KL}I_{KL}} \tag{2-39}$$

从短路特性曲线查出对应于 $I_{KL}=I_N$时的 U_{KL}和 P_K值,并由式(2-40)至式(2-42)计算出实验环境温度 θ ℃时的短路参数,即

$$r'_K=\frac{P_K}{3I_{K\varphi}^2} \tag{2-40}$$

$$Z'_{K}=\frac{U_{K\varphi}}{I_{K\varphi}}=\frac{U_{KL}}{\sqrt{3}I_{KL}} \tag{2-41}$$

$$X'_{K}=\sqrt{Z'^{2}_{K}-r'^{2}_{K}} \tag{2-42}$$

式中：$U_{K\varphi}=\frac{U_{KL}}{\sqrt{3}}$、$I_{K\varphi}=I_{KL}=I_{N}$、$P_{K}$分别为短路时的相电压、相电流、三相短路功率。

折算到低压方为

$$Z_{K}=\frac{Z'_{K}}{K^{2}} \tag{2-43}$$

$$r_{K}=\frac{r'_{K}}{K^{2}} \tag{2-44}$$

$$X_{K}=\frac{X'_{K}}{K^{2}} \tag{2-45}$$

换算到基准工作温度下的短路参数 $r_{K75℃}$ 和 $Z_{K75℃}$，计算短路电压百分数为

$$u_{K}=\frac{I_{N\varphi}Z_{K75℃}}{U_{N\varphi}}\times 100\% \tag{2-46}$$

$$u_{Kr}=\frac{I_{N}r_{K75℃}}{U_{N\varphi}}\times 100\% \tag{2-47}$$

$$u_{KX}=\frac{I_{N}X_{K}}{U_{N\varphi}}\times 100\% \tag{2-48}$$

计算 $I_{K}=I_{N}$时的短路损耗为

$$P_{KN}=3I^{2}_{N\varphi}r_{K75℃} \tag{2-49}$$

(4)根据空载和短路实验测定的参数，画出被试变压器的 T 形等效电路。

(5)变压器的电压变化率。

根据实验数据绘出 $\cos\varphi_{2}=1$ 时的特性曲线 $U_{2}=f(I_{2})$，由特性曲线计算出 $I_{2}=I_{2N}$时的电压变化率。

根据实验求出的 $\Delta u=\frac{U_{20}-U_{2}}{U_{20}}\times 100\%$参数，计算出 $I_{2}=I_{2N}$，$\cos\varphi_{2}=1$ 时的电压变化率为

$$\Delta u=\beta(u_{Kr}\cos\varphi_{2}+u_{KX}\sin\varphi_{2}) \tag{2-50}$$

(6)绘出被试变压器的效率特性曲线。

用间接法计算出在 $\cos\varphi_{2}=0.8$、不同负载电流时变压器效率，记录于表 2-17 中。

表 2-17　变压器效率记录表

($\cos\varphi_{2}=0.8$，$P_{0}=$____W，$P_{KN}=$____W)

I_{2}^{*}	P_{2}/W	η
0.2		
0.4		
0.6		
0.8		
1.0		
1.2		

其中：

$$\eta=\left(1-\frac{P_0+I_2^{*2}P_{KN}}{I_2^* P_N\cos\varphi_2+P_0+I_2^{*2}P_{KN}}\right)\times 100\% \tag{2-51}$$

$$I_2^* P_N\cos\varphi_2 = P_2$$

式中：P_N为变压器的额定容量；P_{KN}为变压器 $I_{KL}=I_N$时的短路损耗；P_0为变压器 $U_{0L}=U_N$时的空载损耗。

计算被测变压器 $\eta=\eta_{max}$时的负载系数 β_m，即

$$\beta_m=\sqrt{\frac{P_0}{P_{KN}}} \tag{2-52}$$

实验六

三相鼠笼异步电动机的工作特性实验

一、实验目的

测取三相鼠笼式异步电动机的工作特性。

二、实验内容

(1)空载实验。

(2)短路实验。

(3)负载实验。

三、实验原理

三相鼠笼式异步电动机实验原理如图 2-12 所示。

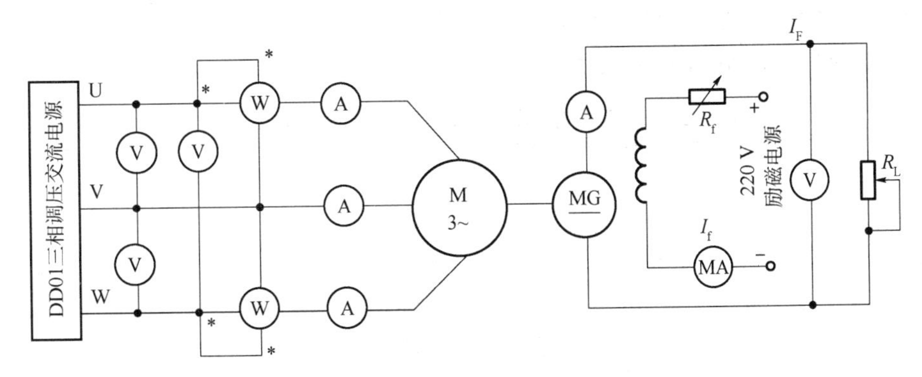

图 2-12　三相鼠笼式异步电动机实验原理

四、实验步骤

1. 空载实验

(1)按图 2-12 所示接线。电机绕组为 Δ 接法(U_N=220 V),直接与测速发电机同轴连接,负载电机 DJ23 不接。

(2)把交流调压器调至电压最小位置,接通电源,逐渐升高电压,使电机起动旋转,观察电机旋转方向，并使电机旋转方向符合要求（如转向不符合要求，需调整相序时必须切断电源）。

(3)保持电动机在额定电压下空载运行数分钟，使机械损耗达到稳定后再进行实验。

(4)调节电压由1.2倍额定电压开始逐渐降低电压，直至电流或功率显著增大为止。在这范围内读取空载电压、空载电流、空载功率。

(5)测取空载实验数据时，在额定电压附近多测几点，共取数据7～9组，记录于表2-18中。

表2-18 三相鼠笼式异步电动机空载实验数据记录表

序号	U_{0L}/V				I_{0L}/A				P_0/W			$\cos\varphi_0$
	U_{AB}	U_{BC}	U_{CA}	U_{0L}	I_A	I_B	I_C	I_{0L}	P_{I}	P	P_0	

2. 短路实验

(1)测量接线图同图2-12。用制动工具把三相电机堵住。制动工具可用DD05上的圆盘固定在电机轴上，螺杆装在圆盘上。

(2)调压器退至零，合上交流电源，调节调压器使之逐渐升压至短路电流到1.2倍额定电流，再逐渐降压至0.3倍额定电流为止。

(3)在这范围内读取短路电压、短路电流、短路功率。

(4)共取数据5～6组，记录于表2-19中。

表2-19 三相鼠笼式异步电动机短路实验数据记录表

序号	U_{KL}/V				I_{KL}/A				P_K/W			$\cos\varphi_K$
	U_{AB}	U_{BC}	U_{CA}	U_{KL}	I_A	I_B	I_C	I_{KL}	P_{I}	P_{II}	P_K	

3. 负载实验

(1)测量接线图同图2-12。同轴连接负载电机。图中R_f用D42上1 800 Ω阻值，R_L用D42上1 800 Ω阻值加上900 Ω并联900 Ω共2 250 Ω阻值。

(2)合上交流电源，调节调压器，使之逐渐升压至额定电压并保持不变。

(3)合上校正过的直流电机的励磁电源，调节励磁电流至校正值(50 mA 或 100 mA)并保持不变。

(4)调节负载电阻 R_L(注：先调节 1 800 Ω 电阻，调至零值后用导线短接，再调节 450 Ω 电阻)，使异步电动机的定子电流逐渐上升，直至电流上升到 1.25 倍额定电流。

(5)从这负载开始，逐渐减小负载直至空载，在这范围内读取异步电动机的定子电流、输入功率、转速、直流电机的负载电流 I_F 等数据。

(6)共取数据 8～9 组，记录于表 2-20 中。

表 2-20　三相鼠笼式异步电动机负载实验数据记录表(一)

($U_{1\varphi}=U_{1N}=220$ V(Δ)，$I_f=$____mA)

序号	I_{1L}/A				P_1/W			I_F /A	T_2 /(N·m)	n /(r·min^{-1})
	I_A	I_B	I_C	I_{1L}	P_{I}	P_{II}	P_1			

五、实验报告

根据 P_1、$I_{1\varphi}$、η、S、$\cos\varphi_1=f(P_2)$作工作特性曲线。

由负载实验数据计算工作特性，填入表 2-21 中。

表 2-21　三相鼠笼式异步电动机负载实验数据记录表(二)

($U_1=220$ V(Δ)，$I_f=$____mA)

序号	电动机输入		电动机输出		计算值			
	$I_{1\varphi}$ /A	P_1 /W	T_2 /(N·m)	n /(r·min^{-1})	P_2 /W	S /%	η /%	$\cos\varphi_1$

计算公式为

$$I_{1\varphi}=\frac{I_{1L}}{\sqrt{3}}=\frac{I_A+I_B+I_C}{3\sqrt{3}} \tag{2-53}$$

$$S=\frac{1\,500-n}{1\,500}\times 100\% \tag{2-54}$$

$$\cos\varphi_1=\frac{P_1}{3U_{1\varphi}I_{1\varphi}} \tag{2-55}$$

$$P_2=0.105nT_2 \tag{2-56}$$

$$\eta=\frac{P_2}{P_1}\times 100\% \tag{2-57}$$

式中：$I_{1\varphi}$为定子绕组相电流(A)；$U_{1\varphi}$为定子绕组相电压(V)；S为转差率；η为效率。

由损耗分析法求额定负载时的效率。

电动机的损耗如下：

①铁耗 P_{Fe}。

②机械损耗 P_{mec}。

③定子铜耗，即

$$P_{Cu1}=3I_{1\varphi}^2r_1 \tag{2-58}$$

转子铜耗，即

$$P_{Cu2}=\frac{P_{em}}{100}S \tag{2-59}$$

式中：P_{em}为电磁功率(W)，即

$$P_{em}=P_1-P_{Cu1}-P_{Fe} \tag{2-60}$$

铁耗和机械损耗之和为

$$P_0'=P_{Fe}+P_{mec}=P_0-I_{0\varphi}^2r_1 \tag{2-61}$$

杂散损耗 P_{ad}取额定负载时输入功率的 0.5%。

为了分离铁耗和机械损耗，作曲线 $P_0'=f(U_0^2)$，如图 2-13 所示。

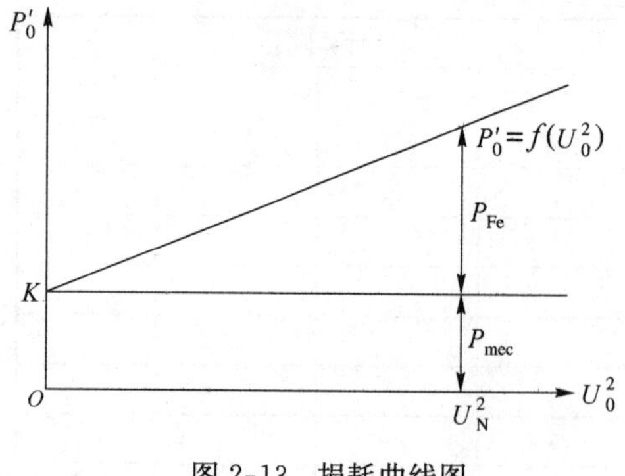

图 2-13 损耗曲线图

延长曲线的直线部分与纵轴相交于 K 点，K 点的纵坐标即为电动机的机械损耗 P_{mec}，过 K 点作平行于横轴的直线，可得不同电压的铁耗 P_{Fe}。

电机的总损耗为

$$\sum P=P_{Fe}+P_{Cu1}+P_{Cu2}+P_{ad}+P_{mec} \tag{2-62}$$

于是求得额定负载时的效率为

$$\eta=\frac{P_1-\sum P}{P_1}\times 100\% \tag{2-63}$$

式中：P_1、S、I_1由工作特性曲线上对应于 P_2为额定功率 P_N时查得。

实验七

三相异步电动机的起动与调速实验

一、实验目的

通过实验掌握异步电动机的起动和调速方法。

二、实验内容

(1)直接起动。

(2)星形-三角形(Y-Δ)换接起动。

(3)自耦变压器起动。

(4)线绕式异步电动机转子绕组串入可变电阻器起动。

(5)线绕式异步电动机转子绕组串入可变电阻器调速。

三、实验原理

异步电动机起动原理如图 2-14 至图 2-17 所示。

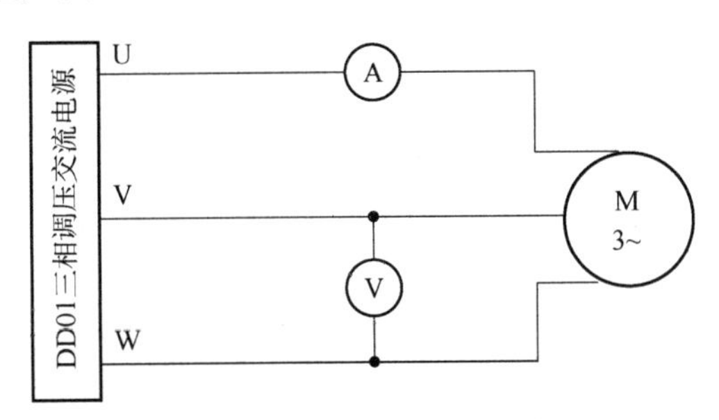

图 2-14　异步电动机直接起动原理

四、实验步骤

1. 三相鼠笼式异步电机直接起动实验

(1)按图 2-14 所示接线。电机绕组为 Δ 接法。异步电动机直接与测速发电机同轴连接，不连接负载电机 DJ23。

(2)把交流调压器退到零位，开启电源总开关，按下“开”按钮，接通三相交流电源。

(3)调节调压器，使输出电压达到电动机额定电压 220 V，使电动机起动旋转(如电动机旋

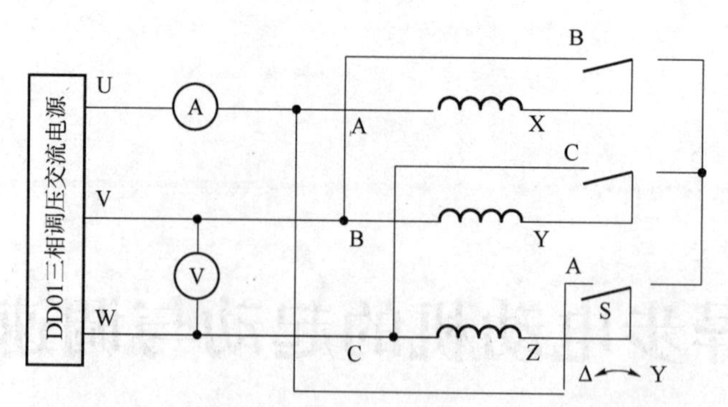

图 2-15　三相鼠笼式异步电机星形-三角形起动原理

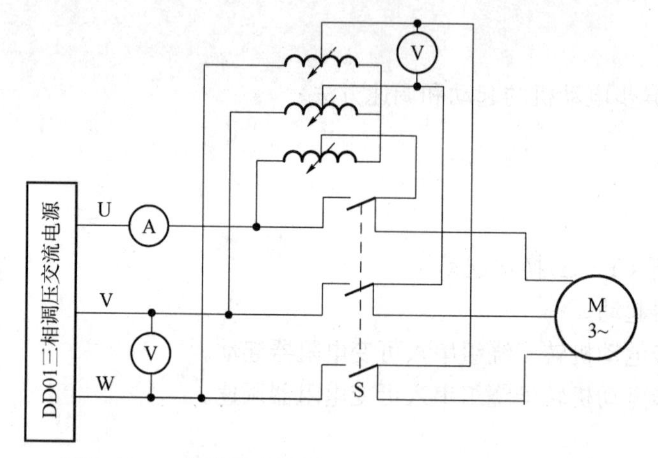

图 2-16　三相鼠笼式异步电动机自耦变压器起动原理

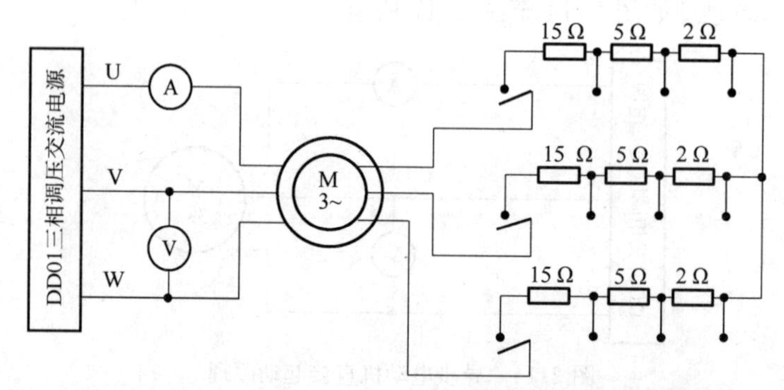

图 2-17　线绕式异步电动机转子绕组串电阻起动及调速原理

转方向不符合要求需调整相序时，必须按下“关”按钮，切断三相交流电源）。

(4)再按下“关”按钮，断开三相交流电源，待电动机停止旋转后，按下“开”按钮，接通三相交流电源，使电机全压起动，观察电机起动瞬间电流值(按指针式电流表偏转的最大位置所对应的读数值定性计量)。

(5)断开电源开关，将调压器退到零位，电机轴伸端装上圆盘(注：圆盘直径为 10 cm)和弹簧秤。

(6)合上开关，调节调压器，使电机电流为 2～3 倍额定电流，读取电压值 U_K、电流值 I_K、转矩值 T_K(圆盘半径乘以弹簧秤力)，实验时通电时间不应超过 10 s，以免绕组过热。对应于额定电压时的起动电流 I_{st}和起动转矩 T_{st}按下式计算，即

$$T_K = F \times \left(\frac{D}{2}\right) \tag{2-64}$$

$$I_{st} = \left(\frac{U_N}{U_K}\right) I_K \tag{2-65}$$

$$T_{st} = \left(\frac{I_{st}^2}{I_K^2}\right) T_K \tag{2-66}$$

式中：I_K为起动实验时的电流值(A)；T_K为起动实验时的转矩值(N·m)。

将数据记入表 2-22 中。

表 2-22　直接起动实验表

测量值			计算值		
U_K/V	I_K/A	F/N	T_K/(N·m)	I_{st}/A	T_{st}/(N·m)

2. 星形-三角形(Y－Δ)起动

(1)按图 2-15 所示接线。线接好后把调压器退到零位。

(2)将三刀双掷开关合向右边(Y 接法)。合上电源开关，逐渐调节调压器使升压至电机额定电压 220V，打开电源开关，待电机停转。

(3)合上电源开关，观察起动瞬间电流，然后把 S 合向左边，使电机(Δ)正常运行，整个起动过程结束。观察起动瞬间电流表的显示值，以与其他起动方法作定性比较。

3. 自耦变压器起动。

(1)按图 2-16 所示接线。电机绕组为 Δ 接法。

(2)三相调压器退到零位，开关 S 合向左边。自耦变压器选用 D43 挂箱。

(3)合上电源开关，调节调压器，使输出电压达到电机额定电压 220 V，断开电源开关，待电机停转。

(4)将开关 S 合向右边，合上电源开关，使电机由自耦变压器降压起动(自耦变压器抽头输出电压分别为电源电压的 40%、60%和 80%)，并经一定时间再把 S 合向左边，使电机按额定电压正常运行，整个起动过程结束。观察起动瞬间电流，以作定性的比较。

4. 线绕式异步电动机转子绕组串入可变电阻器起动

(1)按图 2-17 所示接线。

(2)转子每相串入的电阻可用 DJ17-1 起动与调速电阻箱。

(3)将调压器退到零位，轴伸端装上圆盘和弹簧秤。

(4)接通交流电源，调节输出电压(观察电机转向应符合要求)，在定子电压为 180 V，转子绕组分别串入不同电阻值时，测取定子电流和转矩。

(5)实验时通电时间不应超过 10 s，以免绕组过热。将数据记入表 2-23 中。

表 2-23　Y-Δ 起动数据记录表

R_{st}/Ω	0	2	5	15
F/N				
I_{st}/A				
$T_{st}/(N \cdot m)$				

5. 线绕式异步电动机转子绕组串入可变电阻器调速

(1)实验线路图同图 2-17。同轴连接校正直流电机 MG 作为线绕式异步电动机 M 的负载,电路接好后,将 M 的转子附加电阻调至最大。

(2)合上电源开关,电机空载起动,保持调压器的输出电压为电机额定电压 220 V,转子附加电阻调至零。

(3)调节校正电机的励磁电流 I_f 为校正值(100 mA 或 50 mA),再调节直流发电机负载电流,使电动机输出功率接近额定功率,并保持这一输出转矩 T_2 不变,改变转子附加电阻(每相附加电阻分别为 0 Ω、2 Ω、5 Ω、15 Ω),测取相应的转速,记录于表 2-24 中。

表 2-24　转子绕组串入可变电阻器调速数据记录表

(U=220 V,I_f=____mA,T_2=____N·m)

r_{st}/Ω	0	2	5	15
$n/(r \cdot min^{-1})$				

五、实验报告

(1)比较异步电动机不同起动方法的优缺点。

(2)由起动实验数据求下述 3 种情况下的起动电流和起动转矩。

①外施额定电压 U_N(直接法起动)。

②外施电压为 $U_N/\sqrt{3}$(Y-Δ 起动)。

③外施电压为 U_K/K_A(K_A 为起动用自耦变压器变比)(自耦变压器起动)。

(3)线绕式异步电动机转子绕组串入电阻对起动电流和起动转矩的影响。

(4)线绕式异步电动机转子绕组串入电阻对电机转速的影响。

实验八

三相异步电动机在各种运行状态下的机械特性实验

一、实验目的

了解三相线绕式异步电动机在各种运行状态下的机械特性。

二、实验内容

(1)测定三相线绕式转子异步电动机在 $R_S=0$ 时,电动运行状态和再生发电制动状态下的机械特性。

(2)测定三相线绕式转子异步电动机在 $R_S=36\ \Omega$ 时,测定电动状态与反接制动状态下的机械特性。

(3)$R_S=36\ \Omega$,定子绕组加直流励磁电流 $I_1=0.6I_N$ 及 $I_2=I_N$ 时,分别测定能耗制动状态下的机械特性。

三、实验原理

三相线绕式转子异步电动机机械特性实验原理如图 2-18 所示。

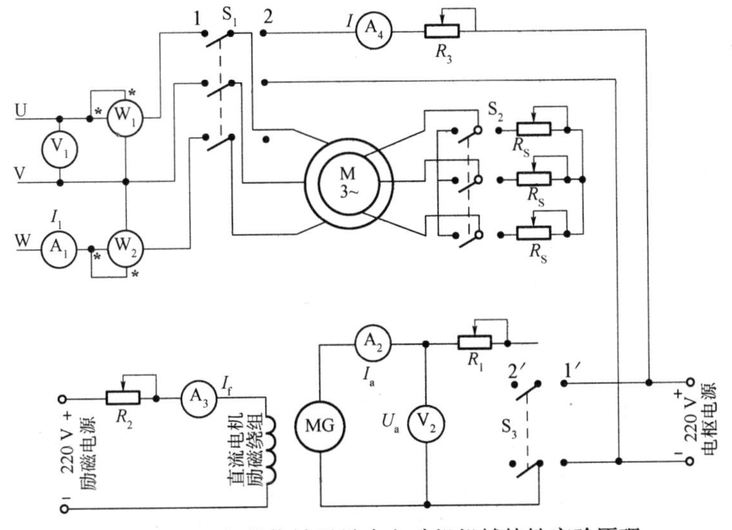

图 2-18　三相线绕转子异步电动机机械特性实验原理

四、实验步骤

(1)R_S=0 时的电动及再生发电制动状态下的机械特性。

①按图 2-18 所示接线,图中 M 用编号为 DJ17 的三相线绕式异步电动机,额定电压为 220 V,Y 接法。MG 用编号为 DJ23 的校正直流测功机。S_1、S_2、S_3 选用 D51 挂箱上的对应开关,并将 S_1 合向左边 1 端,S_2 合在左边短接端(即线绕式电机转子短路),S_3 合在 2′位置。R_1 选用 D44 的 180 Ω 阻值加上 D42 上 4 只 900 Ω 串联再加两只 900 Ω 并联,共 4 230 Ω 阻值,R_2 选用 D44 上 1 800 Ω 阻值,R_S 选用 D41 上 3 组 45 Ω 可调电阻(每组为 90 Ω 与 90 Ω 并联),并用万用表调定在 36 Ω 阻值,R_3 暂不接。直流电表 A_2、A_4 的量程为 5 A,A_3 量程为 200 mA,V_2 的量程为 1 000 V,交流表 V_1 的量程为 150 V、A_1 量程为 2.5 A。转速表置正向 1 800 r/min 量程。

②确定 S_1 合在左边 1 端,S_2 合在左边短接端,S_3 合在 2′位置,M 的定子绕组接成星形的情况下,把 R_1、R_2 阻值置最大位置,将控制屏左侧三相调压器旋钮向逆时针方向旋到底,即把输出电压调到零。

③检查控制屏下方“直流电机电源”的“励磁电源”开关及“电枢电源”开关都须在断开位置。接通三相调压“电源总开关”,按下“开”按钮,旋转调压器旋钮使三相交流电压慢慢升高,观察电机转向是否符合要求。若符合要求则升高到 U=110 V,并在以后实验中保持不变。接通“励磁电源”,调节 R_2 阻值,使 A_3 表为 100 mA 并保持不变。

④接通控制屏右下方的“电枢电源”开关,在开关 S_3 的 2′端测量电机 MG 的输出电压的极性,先使其极性与 S_3 开关 1′端的电枢电源相反,在 R_1 阻值为最大的条件下将 S_3 合向 1′位置。

⑤调节“电枢电源”输出电压或 R_1 阻值,使电动机从接近于堵转到接近于空载状态,其间测取电机 MG 的 U_a、I_a、n 及电动机 M 的交流电流表 A_1 的 I_1 值,共取 8~9 组数据并记录于表 2-25 中。

表 2-25 三相线绕式转子异步电动机近似空载状态机械特性数据记录表

(U=110 V,R_S=0 Ω,I_f=____mA)

U_a/V									
I_a/A									
n/(r·min^{-1})									
I_1/A									

⑥当电动机接近空载而转速不能调高时,将 S_3 合向 2′位置,调换 MG 电枢极性(在开关 S_3 的两端换),使其与“电枢电源”同极性。调节“电枢电源”电压值,使其与 MG 电压值接近相等,将 S_3 合至 1′端。保持 M 端三相交流电压 U=110 V,减小 R_1 阻值直至短路位置(注:D42 上 6 只 900 Ω 阻值调至短路后应用导线短接)。升高“电枢电源”电压或增大 R_2 阻值(减小电机 MG 的励磁电流),使电动机 M 的转速超过同步转速 n_0 而进入回馈制动状态,在 1 700 r/min~n_0 范围内测取电机 MG 的 U_a、I_a、n 及电动机 M 的定子电流 I_1 值,共取 6~7

组数据，记录于表 2-26 中。

表 2-26　三相线绕式转子异步电动机回馈制动状态数据记录表

(U=110 V，R_S=0 Ω)

U_a/V									
I_a/A									
n/(r·min^{-1})									
I_1/A									

(2)R_S=36 Ω 时的电动及反转性状态下的机械特性。

①开关 S_2 合向右端 36 Ω 端。开关 S_3 拨向 2′端，把 MG 电枢接到 S_3 上的两个接线端对调，以便使 MG 输出极性和“电枢电源”输出极性相反。把电阻 R_1、R_2 调至最大。

②保持电压 U=110 V 不变，调节 R_2 阻值，使 A_3 表为 100 mA。调节“电枢电源”的输出电压为最小位置。在开关 S_3 的 2′端检查 MG 电压极性须与 1′的“电枢电源”极性相反。可先记录此时 MG 的 U_a、I_a 值，将 S_3 合向 1′端与“电枢电源”接通。测量此时电机 MG 的 U_a、I_a、n 及 A_1 表的 I_1 值，减小 R_1 阻值(先调 D42 上 4 个 900 Ω 串联的电阻)或调高“电枢电源”输出电压，使电动机 M 的 n 下降，直至 n 为零。把转速表置反向位置，并把 R_1 的 D42 上 4 个 900 Ω 串联电阻调至零值位置后应用导线短接，继续减小 R_1 阻值或调高电枢电压，使电机反向运转。直至 n 为−1 300 r/min 为止，在该范围内测取电机 MG 的 U_a、I_a、n 及 A_1 表的 I_1 值，共取 11～12 组数据记录于表 2-27 中。

③停机(先将 S_3 合至 2′端，关断“电枢电源”再关断“励磁电源”，调压器调至零位，按下“关”按钮)。

表 2-27　三相线绕式转子异步电动机 R_S=36 Ω 时的电动及反转性状态下机械特性数据记录表

(U=110 V，R_S=36 Ω，I_f=____mA)

U_a/V												
I_a/A												
n/(r·min^{-1})												
I_1/A												

(3)能耗制动状态下的机械特性。

①确认在停机状态下。把开关 S_1 合向右边 2 端，S_2 合向右端(R_S 仍保持 36 Ω 不变)，S_3 合向左边 2′端，R_1 用 D44 上 180 Ω 阻值并调至最大，R_2 用 D42 上 1 800 Ω 阻值并调至最大，R_3 用 D42 上 900 Ω 与 900 Ω 并联再加上 900 Ω 与 900 Ω 并联，共 900 Ω 阻值，并调至最大。

②开启“励磁电源”，调节 R_2 阻值，使 A_3 表的 I_f=100 mA，开启“电枢电源”，调节电枢电源的输出电压 U=220 V，再调节 R_3，使电动机 M 的定子绕组流过 I=0. 6I_N=0. 36 A，并保持

不变。

③在R_1阻值为最大的条件下，把开关S_3合向右边$1'$端，减小R_1阻值，使电机MG起动运转后转速约为1 600 r/min，增大R_1阻值或减小电枢电源电压(但要保持A_4表的电流I不变)，使电机转速下降，直至转速$n\approx 50$ r/min，其间测取电机MG的U_a、I_a及n值，共取10～11组数据记录于表2-28中。

表2-28　三相线绕式转子异步电动机能耗制动状态下机械特性数据记录表(I=0.36 A)

(R_S=36 Ω，I=0.36 A，I_f=____mA)

U_a/V											
I_a/A											
n/(r·min^{-1})											

④停机。

⑤调节R_3阻值，使电机M的定子绕组流过的励磁电流$I=I_N=0.6$ A。重复上述操作步骤，测取电机MG的U_a、I_a及n值，共取10～11组数据记录于表2-29中。

表2-29　三相线绕式转子异步电动机能耗制动状态下机械特性数据记录表(I=0.6 A)

(R_S=36 Ω，I=0.6 A，I_f=____mA)

U_a/V											
I_a/A											
n/(r·min^{-1})											

(4)绘制电机M－MG机组的空载损耗曲线$P_0=f(n)$。

①拆掉三相线绕式异步电动机M定子和转子绕组接线端的所有插头，R_1用D44上180 Ω阻值并调至最大，R_2用D44上1 800 Ω阻值并调至最大。直流电流表A_3的量程为200 mA，A_2的量程为5 A，V_2的量程为1 000 V，开关S_3合向右边$1'$端。

②开启“励磁电源”，调节R_2阻值，使A_3表I_f=100 mA，检查R_1阻值在最大位置时开启“电枢电源”，使电机MG起动运转，调高“电枢电源”输出电压及减小R_1阻值，使电机转速约为1 700 r/min，逐次减小“电枢电源”输出电压或增大R_1阻值，使电机转速下降直至n=100 r/min，在其间测量电机MG的U_{a0}、I_{a0}及n值，共取10～12组数据记录于表2-30中。

表2-30　三相线绕式异步电动机空载损耗数据记录表

U_{a0}/V												
I_{a0}/A												
n/(r·min^{-1})												

五、实验报告

（1）根据实验数据绘制各种运行状态下的机械特性，计算公式为

$$T=\frac{9.55}{n}[P_0-(U_aI_a-I_a^2R_a)] \tag{2-67}$$

式中：T 为受试异步电动机 M 的输出转矩（N·m）；U_a 为测功机 MG 的电枢端电压（V）；I_a 为测功机 MG 的电枢电流（A）；R_a 为测功机 MG 的电枢电阻（Ω），可由实验室提供；P_0 为对应某转速 n 时的某空载损耗（W）。

注：式（2-67）计算的 T 值为电机在 $U=110$ V 时的 T 值，实际的转矩值应折算为额定电压时的异步电动机转矩。

（2）绘制电机 M－MG 机组的空载损耗曲线 $P_0=f(n)$。

第三章　电力电子技术实验

实验一

单结晶体管触发电路及单相半波可控整流电路实验

一、实验目的

(1)熟悉单结晶体管触发电路的工作原理及各元件的作用。

(2)掌握单结晶体管触发电路的调试步骤和方法。

(3)对单相半波可控整流电路在电阻负载及电阻—电感负载时工作情况做全面分析。

(4)了解续流二极管的作用。

二、实验内容

(1)单结晶体管触发电路的调试。

(2)单结晶体管触发电路各点波形的观察。

(3)单相半波整流电路带电阻性负载时特性的测定。

(4)单相半波整流电路带电阻—电感性负载时,续流二极管作用的观察。

三、实验原理

单结晶体管触发电路如图 3-1 所示。

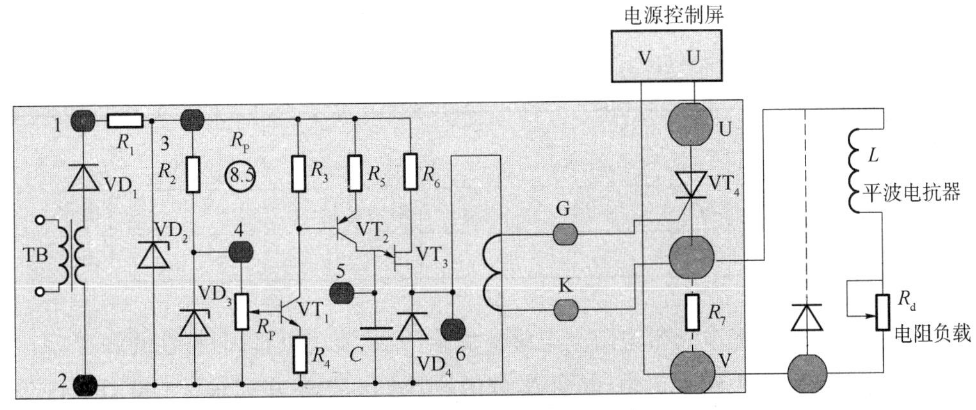

图 3-1　单结晶体管触发电路

(1)电源控制屏位于 NMCL-32/MEL-002T 等。

(2)单结晶体管触发电路位于 NMCL-05E 或 NMCL-05D 等。

(3)L 平波电抗器位于 NMCL-331。

(4)R_d 可调电阻位于 NMEL-03/4 或 NMCL-03 等。

(5)二极管位于 NMCL-33 或 NMCL-33F 等。

四、实验步骤

(1)单结晶体管触发电路调试及各点波形的观察。

将触发电路面板左下角的同步电压输入接电源控制屏的 U、V 输出端。按照实验接线图正确接线。

将电源控制屏的“三相交流电源”开关拨向“直流调速”。合上主电源,即按下主控制屏绿色“闭合”开关按钮,这时主控制屏 U、V、W 端有电压输出,触发电路箱内部的同步变压器原边接有 220 V,原边输出分别为 60 V(单结晶触发电路)、30 V(正弦波触发电路)、7 V(锯齿波触发电路)。

用示波器观察触发电路单相半波整流输出(“1”)、梯形电压(“3”)、锯齿波电压(“4”)及单结晶体管输出电压(“5”“6”)等波形。

采用双踪示波器同时去观测“1”与“6”对地“2”的波形,调节移相可调电位器 R_P,观察输出脉冲的移相范围能否在 30°～180°范围内移动。

采用正弦波触发电路、锯齿波触发电路或其他触发电路,同样需要注意,谨慎操作。

(2)单相半波可控整流电路带电阻性负载时特性的测定。

负载 R_d接可调电阻,并调至阻值最大(R_d 接近 400 Ω),短接电感 L。

合上主电源,调节脉冲移相电位器 R_P,分别用示波器观察 $\alpha=30°$、60°、90°、120°时负载电压 U_d,晶闸管 VT_4 的阳极、阴极电压波形 u_{vt},并测定 U_d及电源电压 U_2,记录于表 3-1 中,验证

$$U_d = 0.45U_2 \frac{1+\cos\alpha}{2} \tag{3-1}$$

表 3-1　单相半波可控整流电路带电阻性负载时数据记录表

U_2、U_d \ α	60°		90°		120°	
U_d		图		图		图
U_2		图		图		图

(3)单相半波可控整流电路带电阻—电感性负载(无续流二极管)时特性的测定。

串入平波电抗器,在不同阻抗角(改变 R_d数值)情况下,观察并记录 $\alpha=60°$、90°、120°时的 u_d、i_d及 u_{vt}的波形,并将实验数据记录于表 3-2 中。**注意**:调节 R_d时需要监视负载电流,防止电流超过 R_d允许的最大电流及晶闸管允许的额定电流。

表 3-2　单相半波可控整流电路带电阻—电感性负载时数据记录表

α / U_2,U_d	60°		90°		120°	
U_d		图		图		图
U_2		图		图		图

(4)单相半波可控整流电路带电阻—电感性负载(有续流二极管)时特性的测定。

接入续流二极管,重复(3)的实验步骤,将实验数据记录于表 3-3 中。

表 3-3　单相半波可控整流电路带电阻—电感性负载(有续流二极管)时数据记录表

α / U_2,U_d	60°		90°		120°	
U_d		图		图		图
U_2		图		图		图

五、实验报告

(1)画出触发电路在 $\alpha=90°$时的各点波形。

(2)画出电阻性负载当 $\alpha=90°$时,$u_d=f(t)$、$u_{vt}=f(t)$、$i_d=f(t)$ 的波形。

(3)分别画出电阻—电感性负载当电阻较大和较小时 $u_d=f(t)$、$u_{VT}=f(t)$、$i_d=f(t)$ 的波形($\alpha=90°$)。

(4)画出电阻性负载时 $U_d/U_2=f(\alpha)$ 曲线,并与 $U_d=0.45U_2\dfrac{1+\cos\alpha}{2}$进行比较。

(5)分析续流二极管的作用。

实验二

单相桥式半控整流电路实验

一、实验目的

(1)研究单相桥式半控整流电路在电阻负载、电阻—电感性负载及反电势负载时的工作。

(2)锯齿波触发电路的工作。

(3)进一步掌握双踪示波器在电力电子线路实验中的使用特点与方法。

二、实验内容

(1)单相桥式半控整流电路供电给电阻性负载。

(2)单相桥式半控整流电路供电给电阻—电感性负载。

三、实验原理

单相桥式半控整流电路如图 3-2 所示。

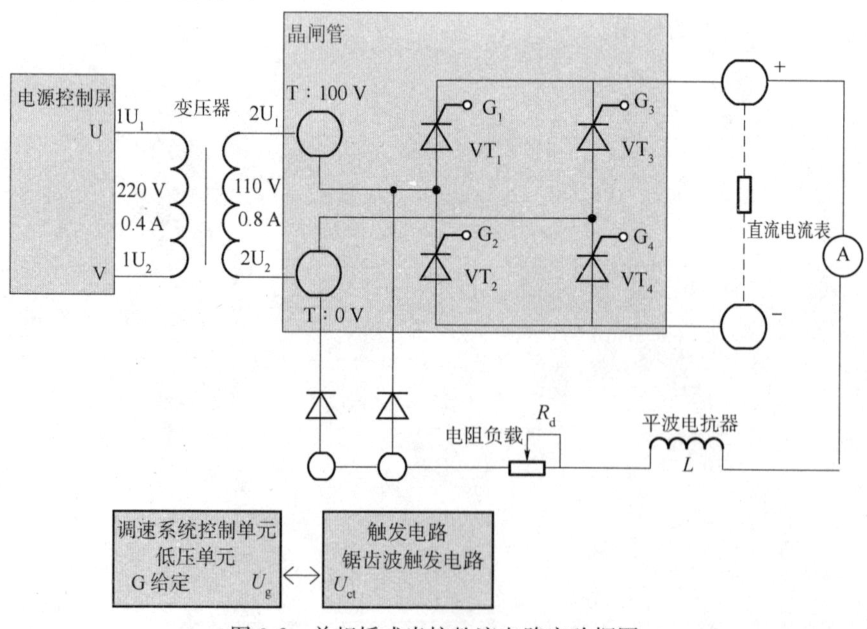

图 3-2　单相桥式半控整流电路实验框图

(1)电源控制屏位于 NMCL-32/MEL-002T 等。

(2)锯齿波触发电路位于 NMCL-36C 或 NMCL-05D 等。

(3)L 平波电抗器位于 NMCL-331。

(4)R_d 可调电阻位于 NMEL-03/4 或 NMCL-03 等。

(5)G 给定(U_g)位于 NMCL-31 或 NMCL-31A 或 SMCL-01 调速系统控制单元中。

(6)U_{ct}位于锯齿波触发电路中。

(7)二极管位于 NMCL-33 或 NMCL-33F。

四、实验步骤

(1)将锯齿波触发电路面板左上角的同步电压输入接主电源控制屏的 U、V 输出端。

①合上电源控制屏主电路电源开关,用示波器观察各观察孔的电压波形,示波器的地线接"7"端。同时观察"1""2"孔的波形,了解锯齿波宽度和"1"点波形的关系。观察"3"~"5"孔波形及输出电压 U_{G1K1}的波形。

②调节脉冲移相范围。将调速系统控制单元(低电压单元)的"G"输出电压调至 0 V,即将控制电压 U_{ct}调至零,用示波器观察 U_2 电压(即"2"孔)及 U_5的波形,调节偏移电压 U_b(即调 R_P),使 $\alpha=180°$。

调节调速系统控制单元(低电压单元)的给定电位器 R_{P1},增加给定电压 U_{ct},观察脉冲的移动情况,要求 $U_{ct}=0$ 时,$\alpha=180°$,以满足移相范围 $\alpha=30°\sim180°$的要求。

(2)单相桥式晶闸管半控整流电路供电给电阻性负载。

按图 3-2 所示接线,并短接平波电抗器 L。调节电阻负载 R_d至最大(负载大于 400 Ω)。

①将调速系统控制单元(低电压单元)的 G 给定电位器 R_{P1} 逆时针方向调到底,即 $U_g=0$,使$U_{ct}=0$。

合上主电路电源,调节调速系统控制单元(低电压单元)的 G 给定电位器 R_{P1},使 $\alpha=90°$,测取此时整流电路的输出电压 $u_d=f(t)$,以及晶闸管端电压 $u_{vt}=f(t)$波形,并测定交流输入电压 U_2、整流输出电压 U_d,记录于表 3-4 中。验证

$$U_d = 0.9U_2 \frac{1+\cos\alpha}{2} \tag{3-2}$$

②采用类似方法,分别测取 $\alpha=60°$、$\alpha=90°$、$\alpha=120°$时的 u_d、u_{vt}波形。

表 3-4 单相桥式半控整流电路带电阻性负载实验数据记录表

角度	U_d		U_{vt}	
$\alpha=60°$		图		图
$\alpha=90°$		图		图
$\alpha=120°$		图		图

(3)单相桥式半控整流电路供电给电阻—电感性负载。

①接上平波电抗器。将调速系统控制单元的 G 给定电位器 R_{P1} 逆时针方向调到底,即 $U_g=0$,使 $U_{ct}=0$。

合上主电源。

②调节U_g，使$\alpha=90°$，测取输出电压$u_d=f(t)$数值。减小电阻R_d，观察波形如何变化。注意观察电流表以防止过流。

③调节U_g，使α分别等于60°、90°、120°时，测取以上波形或数值，记录到表3-5中。

表3-5 单相桥式半控整流电路带电阻—电感性负载实验数据记录表

角度	U_d		U_{vt}	
$\alpha=60°$		图		图
$\alpha=90°$		图		图
$\alpha=120°$		图		图

五、实验报告

(1)画出触发电路在$\alpha=90°$时的各点波形。

(2)画出电阻性负载当$\alpha=90°$时，$u_d=f(t)$，$u_{vt}=f(t)$、$i_d=f(t)$的波形。

(3)分别画出电阻—电感性负载当电阻较大和较小时，$u_d=f(t)$、$u_{vt}=f(t)$、$i_d=f(t)$的波形($\alpha=90°$)。

(4)画出电阻性负载时$U_d/U_2=f(\alpha)$曲线，并与$U_d=0.9U_2\frac{1+\cos\alpha}{2}$进行比较。

实验三

单相桥式全控整流电路实验

一、实验目的

(1)了解单相桥式全控整流电路的工作原理。

(2)研究单相桥式全控整流电路在电阻负载、电阻—电感性负载及反电势负载时的工作。

(3)熟悉触发电路(锯齿波触发电路)。

二、实验内容

(1)单相桥式全控整流电路供电给电阻负载。

(2)单相桥式全控整流电路供电给电阻—电感性负载。

三、实验原理

单相桥式全控整流电路参见图 3-3。

(1)电源控制屏位于 NMCL-32/MEL-002T 等。

(2)锯齿波触发电路位于 NMCL-36C 或 NMCL-05D 等。

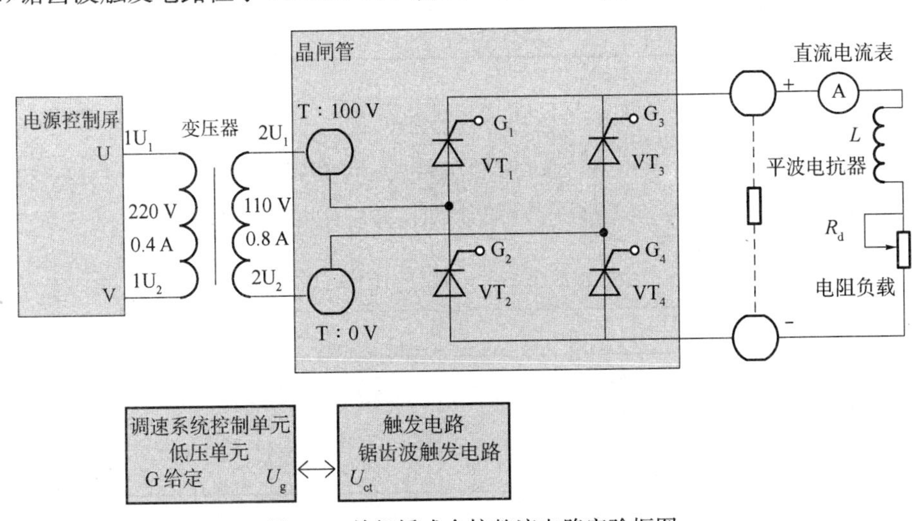

图 3-3 单相桥式全控整流电路实验框图

(3)L 平波电抗器位于 NMCL-331。

(4)R_d 可调电阻位于 NMEL-03/4 或 NMCL-03 等。

(5)G 给定(U_g)位于 NMCL-31 或 NMCL-31A 或 SMCL-01 调速系统控制单元中。

(6)U_{ct}位于锯齿波触发电路中。

四、实验步骤

(1)将触发电路(锯齿波触发电路)面板左上角的同步电压输入接电源控制屏的 U、V 输出端。

(2)断开变压器和晶闸管(T)主回路的连接线,合上控制屏主电路电源(按下绿色开关),此时锯齿波触发电路应处于工作状态。

将调速系统控制单元(低压单元)的 G 给定电位器 R_{P1} 逆时针方向调到底,即 $U_g=0$,使 $U_{ct}=0$。调节偏移电压电位器 R_{P2},使 $\alpha=90°$。

断开主电源,按图 3-3 所示连线。

(3)单相桥式全控整流电路供电给电阻负载。

接上电阻负载,逆时针方向调节电阻负载至最大。首先短接平波电抗器。闭合电源控制屏主电路电源,调节调速系统控制单元(低压单元)给定 U_g,求取在不同 α 角(60°、90°、120°)时整流电路的输出电压 $u_d=f(t)$、晶闸管的端电压 $u_{vt}=f(t)$ 的波形,并记录相应 α 角、电阻负载电压 U_d和交流输入电压 U_2值,记录于表 3-6 中。

表 3-6　单相桥式全控整流电路带电阻性负载实验数据记录表

角度	U_d		U_{vt}		I_d
$\alpha=60°$		图		图	
$\alpha=90°$		图		图	
$\alpha=120°$		图		图	

(4)单相桥式全控整流电路供电给电阻—电感性负载。

断开平波电抗器短接线,求取在不同控制电压 U_g时的输出电压 $u_d=f(t)$、负载电流 $i_d=f(t)$ 以及晶闸管端电压 $u_{vt}=f(t)$ 波形或数值,并记录相应 α 角,记录于表 3-7 中。

表 3-7　单相桥式全控整流电路带电阻—电感性负载实验数据记录表

角度	U_d		U_{vt}		I_d
$\alpha=60°$		图		图	
$\alpha=90°$		图		图	
$\alpha=120°$		图		图	

注意:增加 U_g使 α 前移时,若电流太大,可增加与 L 相串联的电阻加以限流。

五、实验报告

(1)画出触发电路在 $\alpha=90^{\circ}$时的各点波形。

(2)画出电阻性负载当 $\alpha=90^{\circ}$时，$u_{\mathrm{d}}=f(t)$、$u_{\mathrm{vt}}=f(t)$、$i_{\mathrm{d}}=f(t)$ 的波形。

(3)分别画出电阻—电感性负载当电阻较大和较小时，$u_{\mathrm{d}}=f(t)$、$u_{\mathrm{vt}}=f(t)$、$i_{\mathrm{d}}=f(t)$ 的波形($\alpha=90^{\circ}$)。

(4)画出电阻性负载时 $U_{\mathrm{d}}/U_2=f(\alpha)$ 曲线，并与 $U_{\mathrm{d}}=0.9U_2\dfrac{1+\cos\alpha}{2}$进行比较。

实验四

三相半波可控整流电路实验

一、实验目的

(1)了解三相半波可控整流电路的工作原理。

(2)研究可控整流电路在电阻性负载和电阻—电感性负载时的工作。

二、实验内容

(1)研究三相半波可控整流电路供电给电阻性负载时的工作。

(2)研究三相半波可控整流电路供电给电阻—电感性负载时的工作。

三、实验原理

三相半波可控整流电路用3只晶闸管,与单相电路比较,输出电压脉动小,输出功率大,三相负载平衡。不足之处是晶闸管电流即变压器的二次电流在一个周期内只有1/3时间有电流流过,变压器利用率低。

三相半波可控整流电路如图3-4所示。

(1)电源控制屏位于NMCL-32/MEL-002T等。

(2)L平波电抗器位于NMCL-331。

(3)R_d可调电阻位于NMEL-03/4或NMCL-03等。

(4)G给定(U_g)位于NMCL-31或NMCL-31A或SMCL-01调速系统控制单元中。

(5)U_{ct}位于NMCL-33或NMCL-33F中。

(6)晶闸管位于NMCL-33或NMCL-33F中。

四、实验步骤

(1)按图3-4接线,未接上主电源之前,检查晶闸管的脉冲是否正常。

①用示波器观察触发电路及晶闸管主回路的双脉冲观察孔,应有间隔均匀、幅度相同的双脉冲。触发脉冲均为双脉冲,双脉冲之间间隔60°。

②检查相序,用示波器观察,触发电路及晶闸管主回路中同步电压观察口“1”应超前“2”120°。观察脉冲观察孔,“1”脉冲超前“2”脉冲60°(及“1”号脉冲的第二个脉冲波与“2”号脉冲的第一个脉冲波相重叠),则相序正确;否则,应调整输入电源(任意对换三相插头中的两相电

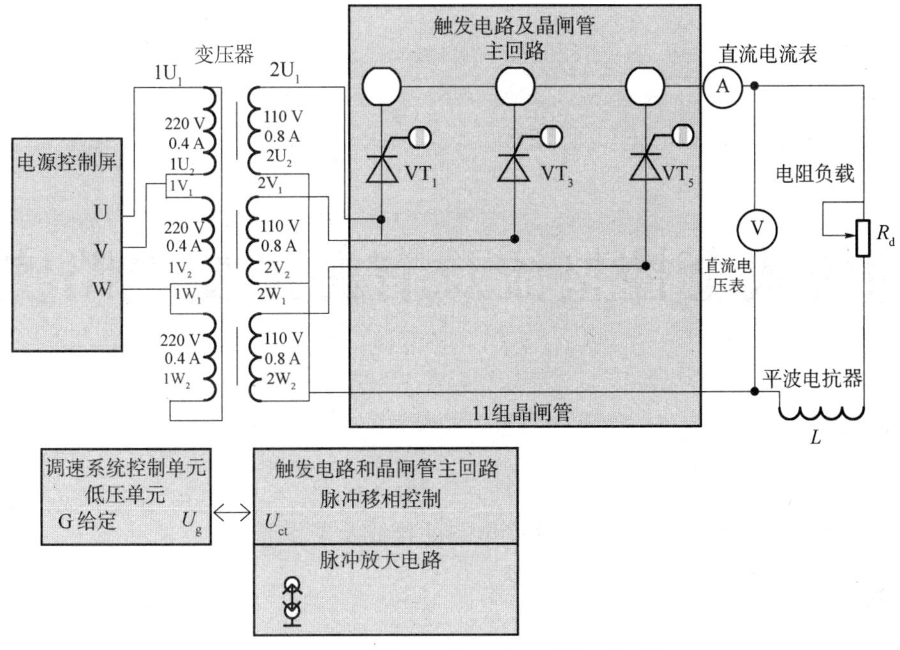

图 3-4　三相半波可控整流电路实验框图

源）。示波器必须共地，地线接实验箱中黑色“⊥”标识。

③用示波器观察每只晶闸管的控制极、阴极，应有幅度为 1～2 V 的脉冲。

(2)研究三相半波可控整流电路中电阻性负载时的工作。

合上主电源，接上电阻性负载 R_d(R_d>400 Ω)。

改变控制电压 U_g，观察在不同触发移相角 α 时可控整流电路的输出电压 $u_d = f(t)$ 与晶闸管的端电压 $u_{vt} = f(t)$ 的波形，并记录相应的 U_d、I_d、U_{vt}值于表 3-8 中。

表 3-8　三相半波可控整流电路带电阻性负载实验数据记录表

角度	U_d		U_{vt}		I_d
$\alpha=30°$		图		图	
$\alpha=60°$		图		图	
$\alpha=90°$		图		图	

(3)研究三相半波可控整流电路中电阻—电感性负载时的工作。

接入电抗器，可把原负载电阻 R_d 调小，监视电流，不宜超过 1.1 A，操作方法同上。

五、实验报告

完成数据记录表中的内容。

实验五

三相桥式全控整流及有源逆变电路实验

一、实验目的

（1）熟悉触发电路及晶闸管主回路组件。

（2）熟悉三相桥式全控整流及有源逆变电路的接线及工作原理。

二、实验内容

（1）三相桥式全控整流电路。

（2）三相桥式有源逆变电路。

（3）观察整流或逆变状态下，模拟电路故障现象时的波形。

三、实验原理

主电路由三相全控变流电路及三相不控整流桥组成。触发电路为集成电路，可输出经高频调制后的双窄脉冲链。三相桥式整流及有源逆变电路的工作原理可参见“电力电子技术”的有关教材。

实验电路如图 3-5 所示。

（1）电源控制屏位于 NMCL-32/MEL-002T 等。

（2）L 平波电抗器位于 NMCL-331。

（3）R_d 可调电阻位于 NMEL-03/4 或 NMCL-03 等。

（4）G 给定（U_g）位于 NMCL-31 或 NMCL-31A 或 SMCL-01 调速系统控制单元中。

（5）U_{ct}位于 NMCL-33 或 NMCL-33F 中。

（6）晶闸管位于 NMCL-33 或 NMCL-33F 中。

（7）二极管位于 NMCL-33 或 NMCL-33F 中。

四、实验步骤

（1）未上主电源之前，检查晶闸管的脉冲是否正常。

①用示波器观察触发电路及晶闸管主回路的双脉冲观察孔，应有间隔均匀、相互间隔 60°的幅度相等的双脉冲。

②检查相序，用示波器观察触发电路及晶闸管主回路，其中同步电压观察口“1”“2”间

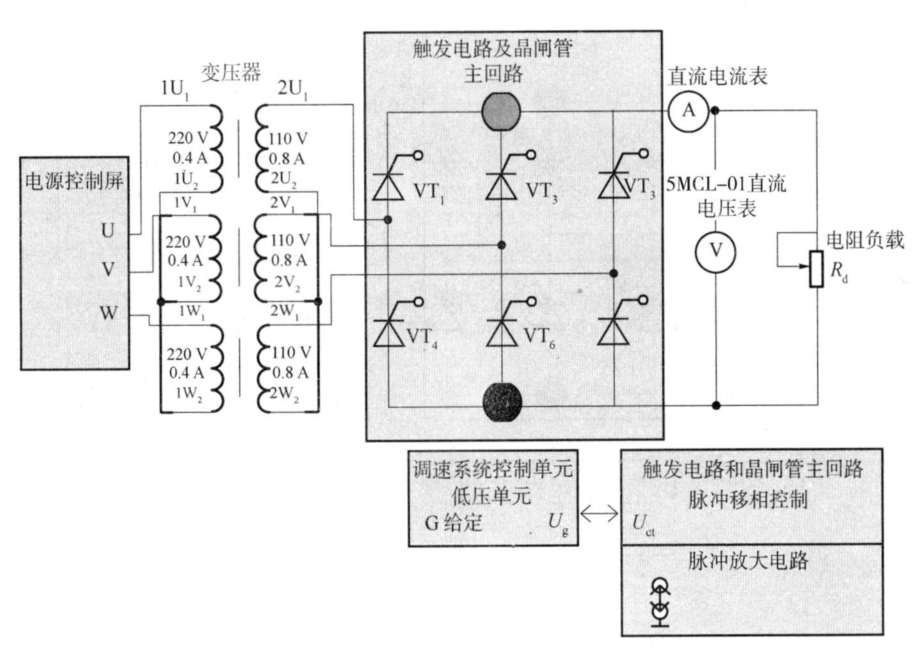

图 3-5　三相桥式全控整流实验电路

隔 120°;脉冲观察孔,“1”脉冲超前“2”脉冲 60°(及“1”号脉冲的第二个脉冲波与“2”号脉冲的第一个脉冲波相重叠)则相序正确,否则应调整输入电源(任意对换三相插头中的两相电源)。

③用示波器观察每只晶闸管的控制极、阴极,应有幅度为 1～2 V 的脉冲。

④将调速系统控制单元的给定器输出 U_g 接至触发电路及晶闸管主回路面板的 U_{ct}端,调节偏移电压 U_b,在 $U_{ct}=0$ 时,使 $\alpha=150°$。

(2)三相桥式全控整流电路。

按图 3-5 所示接线,并将 R_d 调至最大。合上控制屏交流主电源。调节 G 给定 U_{ct},使 α 在 30°～90°范围内,用示波器观察记录 $\alpha=30°$、60°、90°时,整流电压 $u_d=f(t)$、晶闸管两端电压 $u_{vt}=f(t)$ 的波形,并记录相应的 U_d 和交流输入电压 U_2 数值于表 3-9 中。

表 3-9　三相桥式全控整流实验数据记录表

角度	U_d		U_{vt}		I_d	U_2
$\alpha=30°$		图		图		
$\alpha=60°$		图		图		
$\alpha=90°$		图		图		

(3)三相桥式有源逆变电路。

按图 3-6 所示接线,并将 R_d调至最大($R_d>400\ \Omega$)。

合上主电源。调节 U_{ct},观察 $\alpha=90°$、120°、150°时,电路中 u_d、u_{vt}的波形,并记录相应的 I_d、U_2 数值于表 3-10 中。

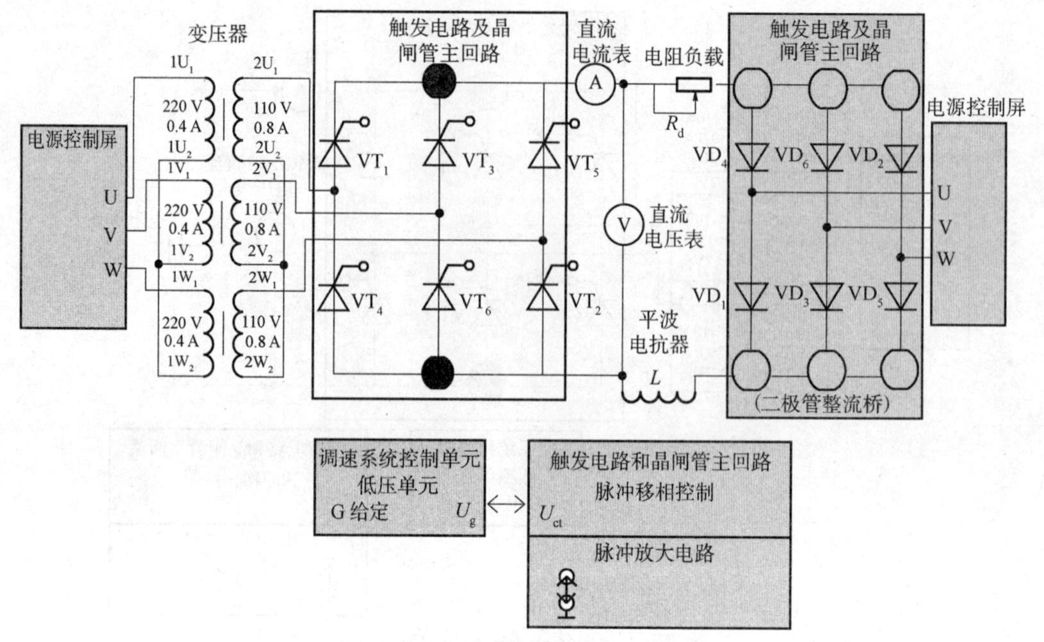

图 3-6　三相有源逆变电路实验图

表 3-10　三相有源逆变电路实验数据记录表

角度	U_d		U_{vt}		I_d	U_2
$\alpha=90°$		图		图		
$\alpha=120°$		图		图		
$\alpha=150°$		图		图		

五、实验报告

完成数据记录表中的内容。

实验六

单相交流调压电路实验

一、实验目的

加深理解单相交流调压电路的工作原理。

二、实验内容

单相交流调压器带电阻性负载时的工作情况。

三、实验原理

本实验采用锯齿波移相触发器。该触发器适用于双向晶闸管或两只反并联晶闸管电路的交流相位控制，具有控制方式简单的优点。

晶闸管交流调压器的主电路由两只反向晶闸管组成。

单相交流调压电路如图 3-7 所示。

(1)电源控制屏位于 NMCL-32/MEL-002T 等。

(2)锯齿触发电路位于 NMCL-36C 或 NMCL-05D 等。

(3)R_d 可调电阻位于 NMEL-03/4 或 NMCL-03 等。

(4)G 给定(U_g)位于 NMCL-31 或 NMCL-31A 或 SMCL-01 调速系统控制单元中。

(5)U_{ct}位于锯齿波触发电路中。

四、实验步骤

接上电阻性负载，并调节电阻负载至最大。

将调速系统控制单元的 G 给定电位器 R_{P1} 逆时针方向调到底，使 $U_{ct}=0$。调节锯齿波同步移相触发电路偏移电压电位器 R_{P2}，使 $\alpha=150°$。

合上控制屏交流主电源，用示波器观察负载电压 $u=f(t)$、晶闸管两端电压 $u_{vt}=f(t)$ 的波形，调节 U_{ct}，观察不同 α 角时各波形的变化，并记录 $\alpha=60°$、$90°$、$120°$时的波形于表 3-11 中。

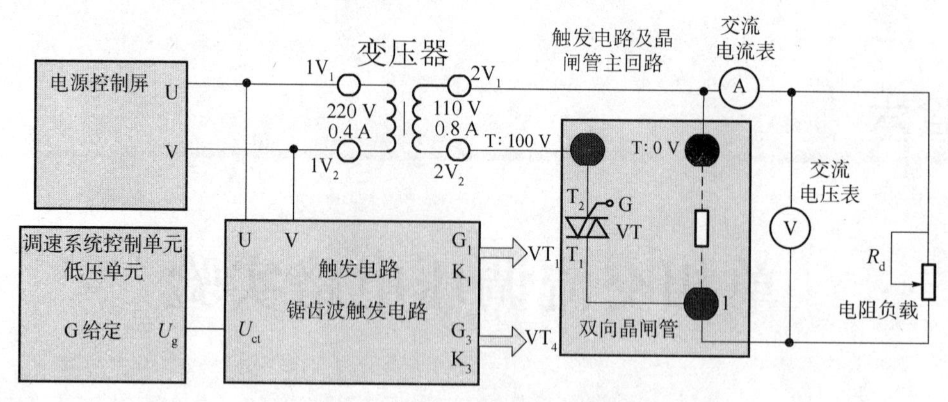

图 3-7 单相交流调压电路实验图

表 3-11 单相交流调压电路数据记录表

角度	U_d		U_{vt}		I_d	U_2
$\alpha=60^\circ$		图		图		
$\alpha=90^\circ$		图		图		
$\alpha=120^\circ$		图		图		
注：调节电阻 R_d 时，需观察负载电流，不可大于 1 A。						

五、实验报告

完成数据记录表中的内容。

实验七

三相交流调压电路实验

一、实验目的

(1)加深理解三相交流调压电路的工作原理。

(2)了解三相交流调压电路带不同负载时的工作情况。

(3)了解三相交流调压电路触发电路原理。

二、实验内容

三相交流调压电路带电阻负载时的工作情况。

三、实验原理

本实验的三相交流调压器为三相三线制,由于没有中线,每相电流必须从另一相构成回路。交流调压应采用宽脉冲或双窄脉冲进行触发。这里使用的是双窄脉冲。实验线路如图 3-8 所示。

(1)电源控制屏位于 NMCL-32/MEL-002T 等。

(2)R_d 可调电阻位于 NMEL-03/4 或 NMCL-03 等。

(3)G 给定(U_g)位于 NMCL-31 或 NMCL-31A 或 SMCL-01 调速系统控制单元中。

(4)U_{ct}位于 NMCL-33 或 NMCL-33F 中。

(5)晶闸管位于 NMCL-33 或 NMCL-33F 中。

四、实验步骤

(1)未上主电源之前,检查晶闸管的脉冲是否正常。

①打开电源开关。

②用示波器观察双脉冲观察孔。

③检查相序,步骤方法同实验六。

④用示波器观察每只晶闸管的控制极、阴极,应有幅度为 1～2 V 的脉冲。

(2)三相交流调压器带电阻性负载时的工作情况。

按图构成调压器主电路,使用Ⅰ组晶闸管 VT_1～VT_6,其触发脉冲已通过内部连线接好,接上三相电阻负载,并调节电阻负载至最大。

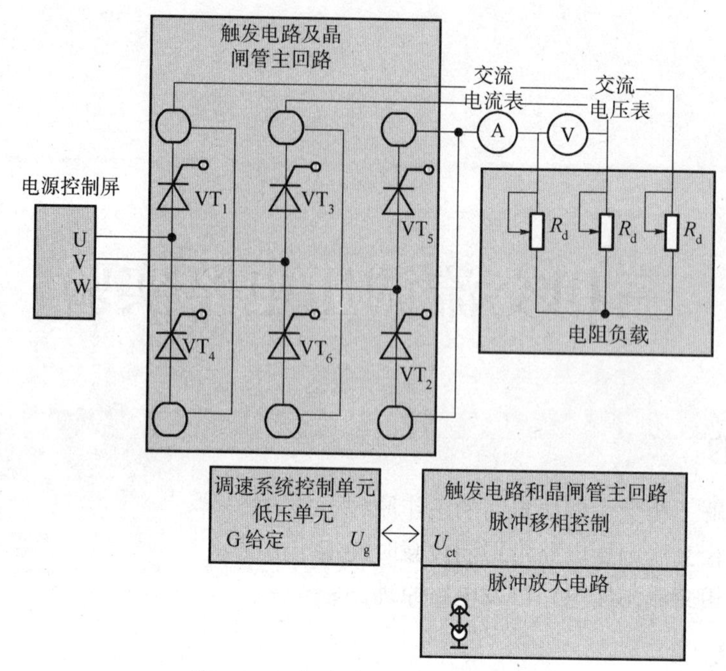

图 3-8　三相交流调压电路实验图

合上控制屏交流主电源，用示波器观察并记录 $\alpha=30°$、$90°$、$120°$、$150°$时的输出电压波形，并记录相应的输出电压有效值 U。

五、实验报告

(1)整理并记录波形，作不同负载时的 $U=f(\alpha)$ 的曲线。

(2)讨论分析实验中出现的问题。

实验八

全桥 DC/DC 变换电路实验

一、实验目的

(1)掌握可逆直流脉宽调速系统主电路的组成、原理及各主要单元部件的工作原理。

(2)熟悉直流 PWM 专用集成电路 SG3525 的组成、功能与工作原理。

(3)熟悉 H 形 PWM 变换器的各种控制方式的原理与特点。

二、实验内容

(1)PWM 控制器 SG3525 性能测试。

(2)H 形 PWM 变换器 DC/DC 主电路性能测试。

三、实验原理

全桥 DC/DC 变换脉宽调速系统的原理框图如图 3-9 所示。图中可逆 PWM 变换器主电路采用 MOSFET 构成 H 形结构形式,UPW 为脉宽调制器,DLD 为逻辑延时环节,GD 为 MOS 管的栅极驱动电路,FA 为瞬时动作的过流保护。

全桥 DC/DC 变换脉宽调制器控制器 UPW 采用美国硅通用公司(Silicon General)的第二代产品 SG3525,这是一种性能优良、功能全、通用性强的单片集成 PWM 控制器。由于它简单、可靠及使用方便灵活,大大简化了脉宽调制器的设计及调试,故获得广泛使用。

四、实验步骤

1. UPW 模块的 SG3525 性能测试

(1)用示波器观察 UPW 模块"1"端的电压波形,记录波形的周期、幅度。

(2)用示波器观察"2"端的电压波形,调节 R_{P2} 电位器,使方波的占空比为 50%。

(3)用导线将给定模块"G"的"1"和"UPW"的"3"相连,分别调节正负给定,记录"2"端输出波形的最大占空比和最小占空比。

2. 控制电路的测试

(1)逻辑延时时间的测试。

在上述实验的基础上,分别将正、负给定均调到零,用示波器观察"DLD"的"1"和"2"端的输出波形,并记录延时时间 t_d=________。

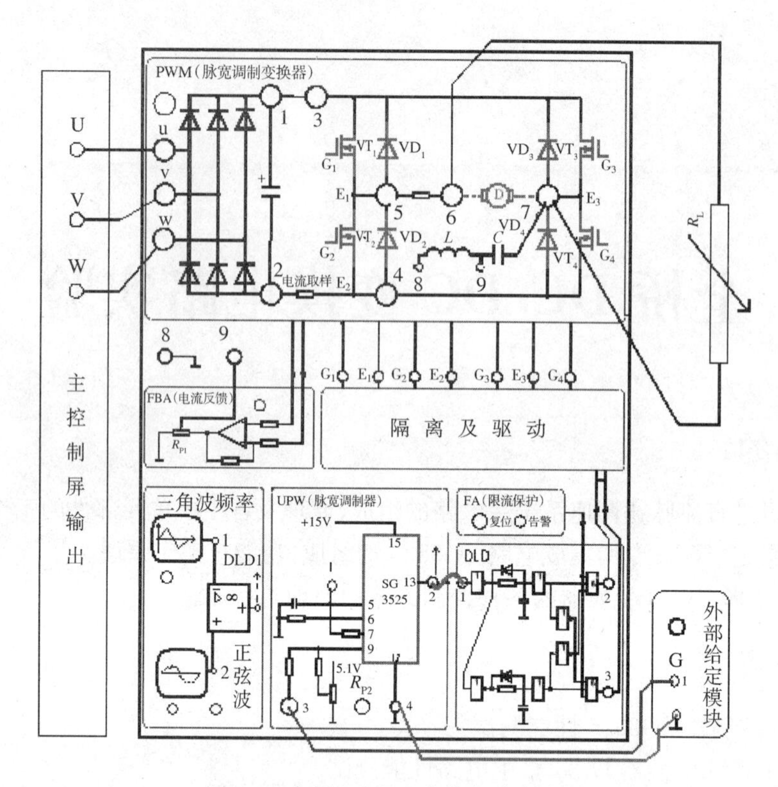

图 3-9 全桥 DC/DC 变换电路实验图

(2)同一桥臂上下管子驱动信号死区时间测试。

分别将"隔离及驱动"的 G 和主回路的 G 相连,用双踪示波器分别测量 $U_{VT1.GS}$ 和 $U_{VT2.GS}$ 以及 $U_{VT3.GS}$ 和 $U_{VT4.GS}$ 的死区时间:

$t_{dVT1.VT2}$ =________;$t_{dVT3.VT4}$ =________。

3. DC/DC 波形观察

按图 3-9 所示接线,将正、负给定均调到零,交流电压开关合向交流 200 V,合上主控制屏电源开关;调节正给定,观察电阻负载上的波形;调节给定值的大小,观察占空比大小的变化。

五、实验报告

根据实验数据,列出 SG3525 的各项性能参数、逻辑延时时间、同一桥臂驱动信号死区时间、起动限流继电器吸合时的直流电压值等。

第四章　电力系统稳态分析实验

实验一

发电机组的起动与运转实验

一、实验目的

(1)了解微机调速装置的工作原理并掌握其操作方法。

(2)熟悉发电机组中原动机(直流电动机)的基本特性。

(3)掌握发电机组起励建压、并网、解列和停机的操作。

二、实验内容

(1)发电机组起励建压。

(2)发电机组并网。

(3)发电机组发出有功功率和无功功率。

(4)发电机组解列。

(5)发电机组停机。

(6)发电机组组网运行。

三、实验原理

在本实验平台中,原动机采用直流电动机模拟工业现场的汽轮机或水轮机,调速系统用于调整原动机的转速和输出的有功功率,励磁系统用于调整发电机电压和输出的无功功率。

图 4-1 所示为调速系统的原理结构示意图,图 4-2 所示为励磁系统的原理结构示意图。

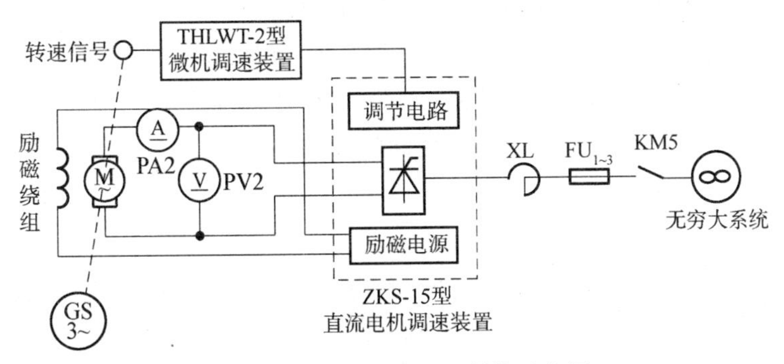

图 4-1　调速系统的原理结构示意图

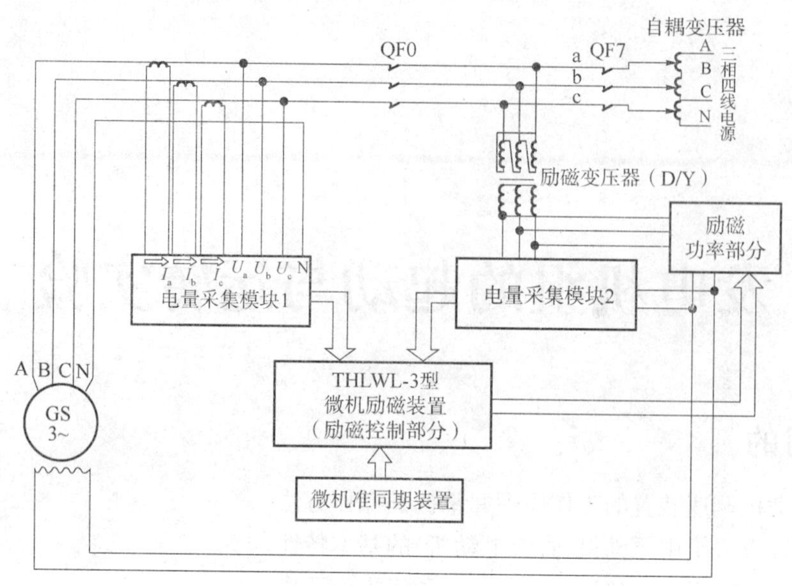

图 4-2 励磁系统的原理结构示意图

装于原动机上的编码器将转速信号以脉冲的形式送入 THLWT-2 型微机调速装置，该装置将转速信号转换成电压，和给定电压一起送入 ZKS-15 型直流电机调速装置，采用双闭环来调节原动机的电枢电压，最终改变原动机的转速和输出功率。

发电机出口的三相电压信号送入电量采集模块 1，三相电流信号经电流互感器也送入电量采集模块 1，信号被处理后，计算结果经 RS485 通信口送入微机励磁装置；发电机励磁交流电流部分信号、直流励磁电压信号和直流励磁电流信号送入电量采集模块 2，信号被处理后，计算结果经 RS485 通信口送入微机励磁装置；微机励磁装置根据计算结果输出控制电压，来调节发电机励磁电流。

四、实验步骤

1. 发电机组起励建压

(1)先将实验台的电源插头插入控制柜左侧的大四芯插座(两个大四芯插座可通用)。接着依次打开控制柜的“总电源”“三相电源”和“单相电源”的电源开关；再打开实验台的“三相电源”和“单相电源”开关。

(2)将控制柜上的“原动机电源”开关旋到“开”的位置，此时，实验台上的“原动机起动”光字牌点亮，同时，原动机的风机开始运转，发出“呼呼”的声音。

(3)按下 THLWT-2 型微机调速装置面板上的“自动/手动”键，选定“自动”方式，开机默认方式为“自动方式”。

(4)按下 THLWT-2 型微机调速装置面板上的“起动”键，此时，装置上的增速灯闪烁，表示发电机组正在起动。当发电机组转速上升到 1 500 r/min 时，THLWT-2 型微机调速装置面板上的增速灯熄灭，起动完成。

(5)当发电机转速接近或略超过 1 500 r/min 时，可手动调整使之转速为 1 500 r/min，即按下 THLWT-2 型微机调速装置面板上的“自动/手动”键，选定“手动”方式，此时“手动”指示灯被点亮。按 THLWT-2 型微机调速装置面板上的“＋”键或“－”键，即可调整发电机转速。

(6)发电机起励建压有 3 种方式，可根据实验要求选定。一是手动起励建压；二是常规励磁起励建压；三是微机励磁起励建压。发电机建压后的值可由用户设置，此处设定为发电机额定电压400 V，具体操作如下。

①手动起励建压。选定“励磁调节方式”和“励磁电源”。将实验台上的“励磁调节方式”旋钮旋到“手动调压”，“励磁电源”旋钮旋到“他励”；打开“励磁电源”，将控制柜上的“励磁电源”打到“开”；建压，调节实验台上的“手动调压”旋钮，逐渐增大，直到发电机电压(线电压)达到设定值。

②常规励磁起励建压。选定“励磁方式”和“励磁电源”。将实验台上的“励磁方式”旋钮旋到“常规控制”，“励磁电源”旋钮旋到“自并励”或“他励”；重复手动起励建压步骤；励磁电源为“自并励”时，需起励才能使发电机建压。先逐渐增大给定，可调节 THLCL-2 常规可控励磁装置面板上的“给定输入”旋钮，逐渐增大到 3.5 V 左右，按下 THLCL-2 常规可控励磁装置面板上的“起励”按钮，然后松开，可以看到控制柜上的发电机励磁电压表和发电机励磁电流表的指针开始摆动，逐渐增大给定，直到发电机电压达到设定的发电机电压；励磁电源为“他励”时，无须起励，直接建压。逐渐增大给定，可调节 THLCL-2 常规可控励磁装置面板上的“给定输入”旋钮，逐渐增大，直到发电机电压达到设定值。

③微机励磁起励建压。选定“励磁方式”和“励磁电源”。将实验台上的“励磁方式”旋钮旋到“微机控制”，“励磁电源”旋钮旋到“自并励”或“他励”；检查 THLWL-3 型微机励磁装置显示菜单中“系统设置”的相关参数和设置。具体如下：“励磁调节方式”设置为实验要求的方式，此处为“恒 U_g”。“恒 U_g 预定值”设置为设定的发电机电压，此处为发电机额定电压。“无功调差系数”设置为“＋0”，按下 THLWL-3 型微机励磁装置面板上的“起动”键，发电机开始起励建压，直至 THLWL-3 微机励磁装置面板上的“增磁”指示灯熄灭，表示起励建压完成。

2. 发电机组并网

(1)首先投入无穷大系统，具体操作参见第一部分“无穷大系统”，将实验台上的“发电机运行方式”切换至“并网”方式。打开控制柜的“总电源”“三相电源”和“单相电源”的电源开关；再打开实验台的“三相电源”和“单相电源”开关。

(2)发电机与系统间的线路有“单回”和“双回”可选。根据实验要求选定一种，此处选“单回”。单回：断路器 QF1 和 QF3(或者 QF2、QF4 和 QF6)处于“合闸”状态，其他处断路器处于“分闸”状态；双回：断路器 QF1、QF2、QF3、QF4 和 QF6 处于“合闸”状态，其他处断路器处于“分闸”状态。

(3)合上断路器 QF7，调节自耦调压器的手柄，逐渐增大输出电压，直到接近发电机电压。

(4)投入同期表。将实验台上的“同期表控制”旋钮打到“投入”状态。

(5)发电机组并网有 3 种方式，可根据实验要求选定。一是手动并网；二是半自动并网；三是自动并网。为了保证发电机在并网后不进相运行，并网前应使发电机的频率和电压略大于系统的频率和电压。

①手动并网：手动调整频差和压差，满足条件后，手动操作并网断路器实现并网。选定“同期方式”，将实验台上的“同期方式”旋钮旋到“手动”状态；观测同期表的指针旋转，同期时，以

系统为基准，$f_g > f_s$ 时同期表的相角指针顺时针方向旋转，频率指针转到“+”的部分；$U_g > U_s$ 时压差指针转到“+”位置；反之相反。f_g 和 U_g 表示发电机频率和电压；f_s 和 U_s 表示系统频率和电压。根据同期表指针的位置，手动调整发电机的频率和电压，直至频率指针和压差指针指向“0”位置，表示频率差和压差接近于“0”，此时相角指针转动缓慢，当相角指针转至中央刻度时，表示相角差为“0”，此时按下断路器 QF0 的“合闸”按钮。至此完成手动并网。

②半自动并网。手动调整频差和压差至满足条件后，系统自动操作并网，断路器实现并网。

选定“同期方式”。将 THLZD-2 电力系统综合自动化实验台上的“同期方式”旋钮旋到“半自动”状态；检查 THLWZ-2 微机准同期装置的系统设置菜单中“系统设置”的相关参数和设置。具体如下：

- “导前时间”设置为 200 ms。
- “允许频差”设置为 0.3 Hz。
- “允许压差”设置为 2 V。
- “自动调频”设置为“退出”。
- “自动调压”设置为“退出”。
- “自动合闸”设置为“投入”。

还需设置合闸时间，即设定 THLZD-2 电力系统综合自动化实验台上的“QF0 合闸时间设定”为 0.11～0.12 s（考虑控制回路继电器的动作时间），该时间继电器的显示格式为 00.00 s。如实验中对上述参数没有要求，为了延长设备的寿命，一律按上述设置设定。

投入微机准同期。按下 THLWZ-2 微机准同期装置面板上的“投入”键。根据 THLWZ-2 微机准同期显示的值，手动调整频差和压差，满足条件后自动并网。

自动调整频差和压差，满足条件后，自动操作并网断路器，实现并网。选定“同期方式”，将 THLZD-2 电力系统综合自动化实验台上的“同期方式”旋钮旋到“自动”状态。检查 THLWZ-2 微机准同期装置的系统设置内显示菜单的“系统设置”的相关参数和设置。具体如下：

- “导前时间”设置为 200 ms。
- “允许频差”设置为 0.3 Hz。
- “允许压差”设置为 2 V。
- “自动调频”设置为“投入”。
- “自动调压”设置为“投入”。
- “自动合闸”设置为“投入”。

还需设置合闸时间，即设定 THLZD-2 电力系统综合自动化实验台上的“QF0 合闸时间设定”为 0.11～0.12 s（考虑控制回路继电器的动作时间），该时间继电器的显示格式为 00.00 s。如实验中对上述参数没有要求，为了延长设备的寿命，一律按上述设置设定。

投入微机准同期。按下 THLWZ-2 微机准同期装置面板上的“投入”键。

检查 THLWT-2 型微机调速装置和 THLWL-3 型微机励磁装置是否处于“自动”状态，如果不是，则调整到“自动”状态，操作可参见 THLWT-2 型微机调速装置使用说明书和 THLWL-3 型微机励磁装置使用说明书。

满足条件后，并网完成。

退出同期表。将 THLZD-2 电力系统综合自动化实验台上的“同期表控制”旋钮打到“退出”状态。

3. 发电机组发出有功功率和无功功率

(1)调节励磁装置,调整发电机组发出的无功功率,使 $Q=0.75$ kvar,PF=0.8。具体操作如下:

①手动励磁。调节 THLZD-2 电力系统综合自动化实验台上的“手动调压”旋钮,逐步增大励磁,直至达到要求的无功值。

②常规励磁。调节 THLCL-2 常规可控励磁装置面板上的“给定输入”旋钮,逐步增大给定,直至达到要求的无功值。

③微机励磁。多次按 THLWL-3 型微机励磁装置面板上的“+”键,逐步增大励磁,直至达到要求的无功值。

(2)调节调速器,调整发电机组发出的有功功率,具体操作:多次按 THLWT-2 型微机调速装置“+”键,逐步增大发电机有功输出,使 $P=1$ kW。

4. 发电机组解列

(1)将发电机组输出的有功功率和无功功率减为 0。具体操作如下:

多次按 THLWT-2 型微机调速装置“—”键,逐步减少发电机有功输出,直至有功输出接近 0。

调节励磁,减小无功输出。多次按 THLWL-3 型微机励磁装置面板上的“—”键,逐步减少发电机无功输出,直至无功输出接近于 0。

注:在调整过程中,不要让发电机进相。

(2)按下 THLZD-2 电力系统综合自动化实验台上的断路器 QF0 的“分闸”按钮,将发电机组和系统解列,然后发电机停机。

5. 发电机组停机

(1)减小发电机励磁至 0。

(2)按下 THLWT-2 型微机调速装置面板上的“停止”键。

(3)当发电机转速减为 0 时,将 THLZD-2 电力系统综合自动化控制柜面板上的“励磁电源”打到“关”位置,“原动机电源”打到“关”位置。

6. 发电机组组网运行

该功能是配合 THLDK-2 电力系统监控实验台而设定的。

(1)将 THLZD-2 电力系统综合自动化实验台上的“发电机运行方式”切换至“联网”方式。

(2)将 THLZD-2 电力系统综合自动化实验台左侧的电缆插头接入 THLDK-2 电力系统监控实验台。

(3)重复实验步骤 1“发电机组起励建压”步骤。

(4)采用手动并网方式,将发电机组并入 THLDK-2 电力系统监控实验台上的电力网。

五、实验报告

(1)简述发电机组起励建压、并网、解列和停机的操作步骤。

(2)为什么发电机组送出有功功率和无功功率时先送无功功率?

(3)为什么要求发电机组输出的有功功率和无功功率为 0 时才能解列?

实验二

单机—无穷大系统稳态运行方式实验

一、实验目的

（1）熟悉远距离输电线路的基本结构和参数的测试方法。

（2）掌握对称稳定工况下，输电系统的各种运行状态与运行参数的数值变化范围。

（3）掌握输电系统稳态不对称运行的条件、参数和不对称运行对发电机的影响等。

二、实验内容

（1）单回路稳态对称运行实验。

（2）双回路对称运行与单回路对称运行比较实验。

三、实验原理

单机一无穷大系统模型，是简单电力系统分析的最基本、最主要的研究对象。本实验平台建立的是一种物理模型，如图 4-3 所示。

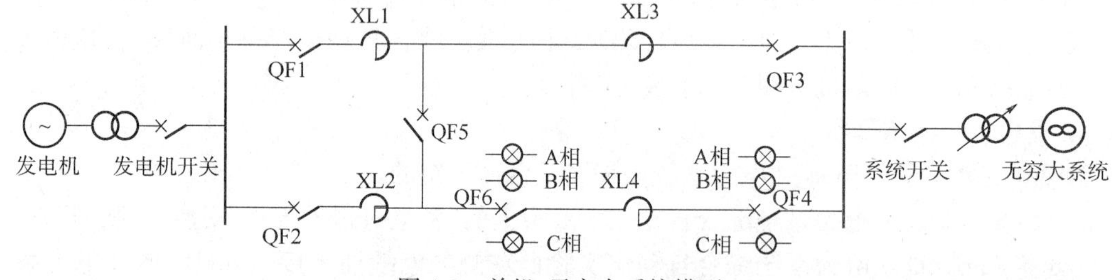

图 4-3　单机-无穷大系统模型

发电机组的原动机采用国标直流电动机模拟，但其特性与电厂的大型原动机并不相似。发电机组并网运行后，输出有功功率的大小可以通过调节直流电动机的电枢电压来调节（具体操作必须严格按照调速器的正确安全操作步骤进行，可参考《微机调速装置基本操作实验》）。发电机组的三相同步发电机采用的是工业现场标准的小型发电机，参数与大型同步发电机不相似，但可将其看作一种具有特殊参数的电力系统发电机。

实验平台给发电机提供了 3 种典型的励磁系统，即手动励磁、常规励磁和微机励磁系统，可以通过实验台的转换开关切换（具体操作必须严格按照励磁调节装置的正确安全操作步骤进行，可参考《微机励磁装置基本操作实验》）。

实验平台的输电线路是用多个接成链型的电抗线圈来模拟，其电抗值满足相似条件。无穷大系统采用大功率三相自耦调压器，三相自耦调压器的容量远大于发电机的容量，可近似看作无穷大电源，并且通过调压器可以方便地模拟系统电压的波动。

实验平台提供的测量仪表可以方便地测量（电压、电流、功率、功率因数和频率）并可通过切换开关显示受端和送端的 P、Q、$\cos\varphi$。发电机组装设了功角测量装置，通过频闪灯可以直观、清晰地观测功角（注：由于功角指示的指针相对于频闪灯的发光静止，但实际是在高速运转，切勿用手触摸！），还可通过微机调速装置来测量功角。

四、实验步骤

打开电源前，调整实验台上切换开关的位置，确保 3 个电压指示为同一相电压或线电压；发电机运行方式为并网运行；发电机励磁方式为常规励磁、他励；并网方式选择手动同期。

1. 单回路稳态对称运行实验

（1）发电机组自动准同期并网操作。输电线路选择 XL2 和 XL4（即 QF2、QF6 和 QF4 合闸），系统侧电压 $U_S=300$ V（QF7 合闸，参见图 4-2），发电机组起励、建压，通过可控线路单回路并网输电。

（2）调节调速装置的增、减速键，调整发电机有功功率；调节常规励磁装置给定，改变发电机的电压，调整发电机无功功率，使输电系统处于不同的运行状态，为了方便实验数据的分析和比较，在调节过程中，保持 $\cos\varphi=0.8$、$U_S=300$ V 不变。观察并记录线路首、末端的测量表计值及线路开关站的电压值，计算、分析和比较运行状态不同时，运行参数（电压损耗、电压降落、沿线电压变化、无功功率的方向等）变化的特点及数值范围，记录数据于表 4-1 中。

注：在调节功率过程中发电机组一旦出现失步问题，应立即进行以下操作，使发电机恢复同步运行状态：操作微机调速装置上的“—”减速键，减少有功功率；增加常规励磁给定，提高发电机电势；单回路切换成双回路。

表 4-1　单机—无穷大系统稳态运行方式功率数据记录表

线路结构 \ 参数	P_1	Q_1	P_2	Q_2	I	U_S	U_{sw}	ΔU	ΔP	ΔQ
单回路	0.5									
	1.0									
	1.5									
双回路	0.5									
	1.0									
	1.5									
	2.0									

注：P_1、Q_1—送端功率；P_2、Q_2—受端功率；I—相平均电流；U_{sw}—中间站电压；ΔU—电压损耗；ΔP—有功损耗；ΔQ—无功损耗。

（3）发电机组的解列和停机。保持发电机组的 $P=0$，$Q=0$，此时按下 QF0“分闸”按钮，再按下控制柜上的“灭磁”按钮，按下微机调速装置的“停止”键，转速减小到 0 时，关闭原动机电源。

（4）实验台和控制柜设备的断电操作。依次断开实验台的“单相电源”“三相电源”和“总电源”以及控制柜的“单相电源”“三相电源”和“总电源”（空气开关向下扳至“OFF”）。

2. 双回路对称运行与单回路对称运行比较实验

该实验步骤基本同实验步骤 1，只是将原来的单回路改成双回路运行。观察并记录数据于表 4-1 中，并将实验结果与实验步骤 1 中的结果进行比较和分析。

五、实验报告

（1）整理实验数据，说明单回路输电和双回路输电对电力系统稳定运行的影响，并对实验结果进行理论分析。

（2）根据不同运行状态的线路首、末端和中间开关站的实验数据，分析、比较运行状态不同时运行参数变化的特点和变化范围。

实验三

复杂电力系统运行方式实验

一、实验目的

(1)了解复杂电力系统的不同运行方式下,电力系统的静态稳定运行。

(2)熟悉电力系统静态稳定运行下,多机—无穷大系统的各运行参数和状态。

(3)理解电力系统运行可靠性概念。

二、实验内容

(1)两机电力系统运行方式下稳定运行实验。

(2)多机—无穷大电力系统运行方式下稳定运行实验。

三、实验原理

单台发电机与无穷大容量系统并联运行称为简单系统。在 THLZD-2 电力系统综合自动化实验平台上,已经完成了简单系统的运行方式实验。现代电力系统电压等级越来越高,系统容量越来越大,网络结构越来越复杂。仅用单台机组对无穷大系统模型来研究电力系统,不能全面反映电力系统的各种特性,如网络结构的变化、潮流分布、多台发电机并列运行等。

通过 THLDK-2 电力系统监控实验平台,可以组建一个多机电力系统网络,其网络结构可灵活多变,针对两机系统和多机系统运行方式下,对静态稳定的系统进行研究。

四、实验步骤

1. 两机电力系统运行方式下稳定运行实验

1)1 号、3 号机组的起动和并列运行

分别起动 1 号、4 号发电机组,控制方式有微机励磁、他励、恒压,组网运行,$n=1\,500$ r/min,$U_F=400$ V。

2)输电线路组建、机组的并列运行以及负荷的投入

依次合闸 QF1→QF18→QF15→QF7→QF6,此时,通过 1 号和 3 号发电厂的自动准同期装置,分别完成 1 号和 3 号发电机组的并列运行。按下 QF8"合闸"按钮,投入负荷 LD1。

手动调节微机调速装置和微机励磁装置,发出一定的有功功率和无功功率(0.5 kW,$\cos\varphi=0.8$),记录各母线电压、线路输送的功率(U_{AB}、$3P$、$3Q$、$\cos\varphi$)。

3)运行方式变化实验

在以上实验线路的基础上,再依次按下 QF2→QF3→QF16→QF17,改变线路结构,实验步骤同 2),记录各母线电压、线路输送的功率。

4)发电机组的解列和停机

按下 QF8“分闸”按钮,切除负荷 LD1。

手动调节 1 号发电厂发出的有功功率和无功功率为 0,按下监控实验台的 QFG1“分闸”按钮,完成 1 号发电厂的解列操作,然后进行 1 号发电机组的停机操作。按同样的操作,完成 4 号发电厂的停机操作。

2. 多机—无穷大电力系统运行方式下稳定运行实验

1)无穷大系统的调整以及电力网的组建

(1)按逆时针方向调整自耦调压器把手至最小,投入“操作电源”后,投入“无穷大系统电源”,合闸 QF19,接通 8 号母线,再合闸 QF18,顺时针方向调整自耦调压器把手至 380 V。联络变压器的分接头选择为 UN。

(2)依次合闸 QF1→QF14→QF10→QF11→QF12→QF13→QF15→QF17,观察 1 号、4 号、5 号母线电压为 380 V 左右。

2)各发电机组的起动和同期运行

分别起动 1 号、4 号、5 号发电机组,控制方式有微机励磁、他励、恒压,组网运行,$n=1\,500$ r/min,$U_F=400$ V。此时,通过 1 号发电厂的自动准同期装置,将 1 号发电厂并入无穷大系统,1 号发电机组并网后,手动调节微机调速装置和微机励磁装置,发出一定的有功功率和无功功率。按同样操作,依次完成 4 号、5 号发电机组的并网运行,发出一定的功率。

3)负荷的投入

依次按下 QF8、QF9、QF11、QF13“合闸”按钮,投入负荷 LD1、LD2、LD3、LD4。

此时,负荷、线路和机组全部投入运行,电力网络为环形网络。记录各母线电压、线路输送的功率和各发电机组的功角。

4)网络结构变化实验

实验步骤同 2)、3),在组建电力网时,投入线路 XL2 和 XL5,记录各母线电压、线路输送的功率和各发电机组的功角。实验步骤同 2)、3),在组建电力网时,投入线路 XL3,记录各母线电压、线路输送的功率和各发电机组的功角。

5)负荷大小和性质变化实验

调节负荷 LD2 分别为“纯电阻”“阻抗性”“纯电感”,重复以上实验。

6)各发电机组的解列和停机

手动调节 1 号发电厂发出的有功功率和无功功率为 0,按下监控实验台的 QFG1“分闸”按钮,完成 1 号发电厂的解列操作,然后进行 1 号发电机组的停机操作。按同样操作,依次完成 4 号、5 号发电机组的解列和停机操作。

五、实验报告

(1)在两机系统中,比较不同网络结构下电力系统稳定运行状态的特点。

(2)根据实验数据,比较两机和多机—无穷大系统的异同点。

实验四

电力系统潮流计算分析实验

一、实验目的

(1)熟悉电力系统潮流分布的典型结构。

(2)熟悉电力系统潮流分布变化时对电力系统的影响。

(3)根据电力系统潮流分布的结果,能够分析各节点的特点。

二、实验内容

(1)辐射形—放射式(1)网络结构的潮流分布实验。

(2)辐射形—放射式(2)网络结构的潮流分布实验。

(3)辐射形—干线式网络结构的潮流分布实验。

(4)环形—双端供电网络(1)网络结构的潮流分布实验。

(5)环形—双端供电网络(2)网络结构的潮流分布实验。

(6)环形—双端供电网络(3)网络结构的潮流分布实验。

(7)环形—环式(1)网络结构的潮流分布实验。

(8)环形—环式(2)网络结构的潮流分布实验。

三、实验原理

电力系统潮流控制包含有功潮流控制和无功潮流控制。潮流控制对电力系统安全与稳定、电力系统经济运行均具有重要意义。构建一个电力系统且并入无穷大系统,增加或减少某些机组的有功出力和无功出力,在保持系统各节点电压在允许范围内的前提下,改变系统支路的有功潮流和无功潮流。实验过程中,调整各种网络结构,观察潮流分布图,注意潮流各支路的潮流分布数据,对实验中产生的数据和图形打印出来,并加以分析。

注意:实验过程中调节功率时,务必保证监控台上线路中的电流不超过 5 A。潮流分析实验中,如果 1 号发电机与 2 号发电机的出口母线,通过断路器 QF1 连通,或者 3 号发电机与 4 号发电机的出口母线通过断路器 QF6 连通,则 1 号、2 号、3 号和 4 号发电机的调差系数设置为+10。

四、实验步骤

1. 辐射形—放射式(1)网络结构的潮流分布实验

1)无穷大系统的调整以及电力网的组建

(1)逆时针方向调整自耦调压器把手至最小,投入“操作电源”后,投入“无穷大系统电源”,合闸 QF19,接通 8 号母线,再合闸 QF18,顺时针方向调整自耦调压器把手至 380 V。

联络变压器的分接头选择为 UN。

(2)依次合闸 QF18→QF14→QF12→QF10→QF1→QF3→QF4→QF5→QF6,观察 1 号、4 号、5 号母线电压为 380 V 左右,6 号母线为 220 V 左右。

2)各发电机组的起动和同期运行

起动 1 号发电机组,控制方式为微机励磁、他励、恒压,组网运行,$n=1\ 500$ r/min,$U_F=400$ V。

此时,通过 1 号发电厂的自动准同期装置,将 1 号发电厂并入无穷大系统,1 号发电机组并网后,手动调节微机调速装置和微机励磁装置,发出一定的有功功率和无功功率。

3)潮流分布的控制以及潮流分布图的打印

依次按下 QF8、QF9、QF11、QF13“合闸”按钮,通过调节发电厂的有功功率和无功功率的输出,以及调整无穷大系统的电压,观察各种运行情况下潮流分布数据,打印潮流分布图。

4)各发电机组的解列和停机

手动调节 1 号发电厂发出的有功功率和无功功率为 0,按下监控实验台的 QFG1“分闸”按钮,完成 1 号发电厂的解列操作,然后进行 1 号发电机组的停机操作。

2. 辐射形—放射式(2)网络结构的潮流分布实验

在辐射形—放射式(1)运行结构的基础上,依次按下 QF7、QF15、QF16、QF17“合闸”按钮,再依次按下 QF3、QF4、QF5、QF6“分闸”按钮,完成放射式结构的变换。

观察放射式结构由(1)变为(2)时潮流分布的变化,实时打印潮流分布图。

手动调节 1 号发电厂发出的有功功率和无功功率为 0,按下监控实验台的 QFG1“分闸”按钮,完成 1 号发电厂的解列操作,然后进行 1 号发电机组的停机操作。

3. 辐射形—干线式网络结构的潮流分布实验

1)无穷大系统的调整以及电力网的组建

(1)逆时针方向调整自耦调压器把手至最小,投入“操作电源”之后,投入“无穷大系统电源”,合闸 QF19,接通 8 号母线,再合闸 QF18,顺时针方向调整自耦调压器把手至 380 V。联络变压器的分接头选择为 UN。

(2)依次合闸 QF14→QF10→QF12→QF3→QF4→QF5→QF6,观察 4 号母线电压为 380 V 左右,6 号母线为 220 V 左右。

2)各发电机组的起动和同期运行

起动 4 号发电机组,控制方式为微机励磁、他励、恒压,组网运行,$n=1\ 500$ r/min,$U_F=400$ V。

此时,通过 4 号发电厂的自动准同期装置,将 4 号发电厂并入无穷大系统,4 号发电机组完成并网操作后，手动调节微机调速装置和微机励磁装置，发出一定的有功功率和无功功率。

3)潮流分布的控制以及潮流分布图的打印

依次按下 QF8、QF9、QF11、QF13“合闸”按钮，投入负荷 LD1、LD2、LD3、LD4，通过调节发电厂的有功功率和无功功率的输出，以及调整无穷大系统的电压，观察各种运行情况下潮流分布数据，打印潮流分布图。

4)各发电机组的解列和停机

手动调节 4 号发电厂发出的有功功率和无功功率为 0，按下监控实验台的 QFG1“分闸”按钮，完成 1 号发电厂的解列操作，然后进行 1 号发电机组的停机操作。

4. 环形—双端供电网络(1)网络结构的潮流分布实验

1)无穷大系统的调整以及电力网的组建

(1)逆时针方向调整自耦调压器把手至最小，投入“操作电源”之后，投入“无穷大系统电源”，合闸 QF19，接通 8 号母线，再合闸 QF18，顺时针方向调整自耦调压器把手至 380 V。联络变压器的分接头选择为 UN。

(2)依次合闸 QF1→QF15→QF7，观察 1 号、4 号母线电压为 380 V 左右。

2)各发电机组的起动和同期运行

起动 1 号、4 号发电机组，控制方式为微机励磁、他励、恒压，组网运行，n＝1 500 r/min，U_F＝400 V。此时，通过 1 号发电厂的自动准同期装置，将 4 号发电厂并入无穷大系统，4 号发电机组完成并网操作后，手动调节微机调速装置和微机励磁装置，发出一定的有功功率和无功功率。按同样的操作，完成 4 号发电机组的起动和同期运行，并发出一定的有功功率。

3)潮流分布的控制以及潮流分布图的打印

通过调节发电厂的有功功率和无功功率的输出，以及调整无穷大系统的电压，观察各种运行情况下潮流分布数据，打印潮流分布图。

4)各发电机组的解列和停机

手动调节 1 号发电厂发出的有功功率和无功功率为 0，按下监控实验台的 QFG1“分闸”按钮，完成 1 号发电厂的解列操作，然后进行 1 号发电机组的停机操作。按同样的操作，依次完成 4 号发电机组的解列和停机操作。

5. 环形—双端供电网络(2)网络结构的潮流分布实验

在环形—双端供电网络(1)运行结构的基础上，依次合闸 QF14→QF10→QF11→QF12，再依次按下 QF11、QF13“合闸”按钮，投入负荷 LD3、LD4，完成放射式结构的变换。

通过调节发电厂的有功功率和无功功率的输出，以及调整无穷大系统的电压，观察环形—双端供电网络由(1)变为(2)时潮流分布的变化，实时打印潮流分布图。

手动调节 1 号发电厂发出的有功功率和无功功率为 0，按下监控实验台的 QFG1“分闸”按钮，完成 1 号发电厂的解列操作，然后进行 1 号发电机组的停机操作。按同样的操作，依次完成 4 号发电机组的解列和停机操作。

6. 环形—双端供电网络(3)网络结构的潮流分布实验

在环形—双端供电网络(1)或(2)运行结构的基础上，按以下操作，形成环形—双端供电网络结构(3)，然后进行潮流分析。

(1)电力网的组建。依次合闸 QF3→QF4→QF5,观察 2 号、3 号母线电压为 380 V 左右,6 号母线为 220 V 左右。

(2)2 号、3 号发电机组的起动和同期运行。起动 2 号发电机组,控制方式为微机励磁、他励、恒压,组网运行,$n=1\,500$ r/min,$U_F=400$ V。此时,通过 2 号发电厂的自动准同期装置,将 2 号发电厂并入无穷大系统,2 号发电机组完成并网操作,手动调节微机调速装置和微机励磁装置,发出一定的有功功率和无功功率。

按同样的操作,完成 3 号发电机组的起动和同期运行,并发出一定的有功功率。

(3)通过调节发电厂的有功功率和无功功率的输出,以及调整无穷大系统的电压,观察环形—双端供电网络由(1)或(2)变为(3)时潮流分布的变化,实时打印潮流分布图。

(4)各发电机组的解列和停机。手动调节 1 号发电厂发出的有功功率和无功功率为 0,按下监控实验台的 QFG1"分闸"按钮,完成 1 号发电厂的解列操作,然后进行 1 号发电机组的停机操作。按同样的操作,依次完成 2 号～4 号发电机组的解列和停机操作。

7. 环形—环式(1)网络结构的潮流分布实验

1)无穷大系统的调整以及电力网的组建

(1)逆时针方向调整自耦调压器把手至最小位置,投入"操作电源"后,投入"无穷大系统电源",合闸 QF19,接通 8 号母线,再合闸 QF18,顺时针方向调整自耦调压器把手至 380 V。联络变压器的分接头选择为 UN。

(2)依次合闸 QF1→QF2→QF4→QF5→QF6→QF7→QF15→QF14→QF10→QF12,观察 1 号、4 号、5 号母线电压为 380 V 左右,6 号母线为 220 V 左右。

2)1 号、4 号、5 号发电机组的起动和同期运行

起动 1 号发电机组,控制方式为微机励磁、他励、恒压,组网运行,$n=1\,500$ r/min,$U_F=400$ V。此时,通过 1 号发电厂的自动准同期装置,将 1 号发电厂并入无穷大系统,完成 1 号发电机组的并网运行,并手动调节微机调速装置和微机励磁装置,发出一定的有功功率和无功功率。

按同样的操作,完成 4 号、5 号发电机组的起动和同期运行,并发出一定的有功功率。

3)潮流分布的控制以及潮流分布图的打印

依次按下 QF8、QF9、QF11、QF13"合闸"按钮,投入负荷 LD1、LD2、LD3、LD4,通过调节发电厂的有功功率和无功功率的输出,以及调整无穷大系统的电压,观察各种运行情况下潮流分布数据,打印潮流分布图。

4)各发电机组的解列和停机

手动调节 1 号发电厂发出的有功功率和无功功率为 0,按下监控实验台的 QFG1"分闸"按钮,完成 1 号发电厂的解列操作,然后进行 1 号发电机组的停机操作。按同样操作,依次完成 4 号、5 号发电机组的解列和停机操作。

8. 环形—环式(2)网络结构的潮流分布实验

在环形—环式(1)运行结构的基础上,按以下操作,形成环形—环式结构(2),然后进行潮流分析。

(1)电力网的组建。合闸 QF3,断开 QF2,观察 1 号母线电压为 380 V 左右。

(2)2 号、3 号发电机组的起动和同期运行。起动 1 号发电机组,控制方式为微机励磁、他励、恒压,组网运行,$n=1\,500$ r/min,$U_F=400$ V。此时,通过 2 号发电厂的自动准同期装置,将 2 号发电厂并入无穷大系统,1 号发电机组完成并网操作后,手动调节微机调速装置和微机励磁装置,发出一定的有功功率和无功功率。按同样的操作,完成 3 号发电机组的起动和同期运行,并发出一定的有功功率和无功功率。

(3)通过调节发电厂的有功功率和无功功率的输出,以及调整无穷大系统的电压,观察环形一环式由(1)变为(2)潮流分布的变化,实时打印潮流分布图。

(4)各发电机组的解列和停机。手动调节 1 号发电厂发出的有功功率和无功功率为 0,按下监控实验台的 QFG1"分闸"按钮,完成 1 号发电厂的解列操作,然后进行 1 号发电机组的停机操作。按同样的操作,依次完成 2～5 号发电机组的解列和停机操作。

五、实验报告

(1)整理各种潮流结构下的潮流分布图,并且结合各发电厂的运行曲线图、线路上的各运行数据,进行对比分析。

(2)分析潮流结构变化时,电力系统运行参数的变化情况,对各种数据和曲线实行对比分析。

实验五

电力系统有功功率—频率特性实验

一、实验目的

(1)掌握同步发电机组的有功功率—频率特性。

(2)掌握电力系统负荷的有功功率—频率特性。

(3)掌握电力系统的有功功率—频率特性。

(4)掌握机组间有功功率分配的原理和操作方法。

二、实验内容

(1)同步发电机的频率—有功功率特性(发电机的有功调差特性)的测定。

(2)负荷的频率—有功功率(负荷的频率调节效应)的测定。

(3)电力系统的频率—有功功率特性的测定。

(4)并列运行机组间的有功功率分配实验。

三、实验原理

1. 同步发电机组的频率—有功功率特性

同步发电机组是电力系统中的有功功率源,因此,研究同步发电机组的频率—有功功率特性具有重要意义。同步发电机转子的转速 n、转子极对数 p 与定子电压的频率 f 之间有以下关系:$f=\frac{pn}{60}$。此式说明,调频就是调速,调速就能调频。

同步发电机的频率—有功功率特性,表述同步发电机输出的有功功率与其频率之间的关系。它是同步发电机的一个重要特征,在调速器投入运行的条件下,该特性就是调速器的调差特性。同步发电机组输出的有功功率与其频率的关系,称为同步发电机组的频率—有功功率特性,在调速器投入运行的条件下该特性就等于调速器的调差特性。

有功调差系数 R 是用来描述同步发电机组的频率—有功功率特性曲线特征的重要参数,其定义为

$$R=-\frac{\frac{\Delta f}{f_N}}{\frac{\Delta P}{P_N}} \tag{4-1}$$

有功功率调差系数 R 在数值上等于机组的有功负荷从零值增加到机组的额定有功功率时(有功功率增量为一个标幺值),其频率增量的标幺值的绝对值。公式中的负号表示:下倾的曲线为正调差特性,上升的曲线为负调差特性,水平线是零调差特性。由分析可知,零调差和负调差特性的机组不能并联运行,只有具有正调差特性的机组并联运行时才可以稳定分配有功功率。

2. 电力系统负荷的频率—有功功率特性

负荷波动是影响频率稳定的重要原因。电力系统有功功率负荷具有多种形式,将它们按与频率的关系划分为不同的类型。在电力系统中,高于 3 次方的负荷比例很小,故通常在计算中只能取到 3 次方。

研究负荷的工频特性,主要关心额定频率附近的一段曲线,在小范围研究问题时,数学上可以近似将曲线用直线来代替,在标幺值坐标里,这根直线的斜率反映了负荷消耗的有功功率与电源频率之间的定量关系,即:

$$k_{L*}=\frac{\dfrac{\Delta P_L}{P_{LN}}}{\dfrac{\Delta f}{f_N}} \tag{4-2}$$

负荷的频率—有功功率特性具有单调上升的特点,当电力系统发生有功功率缺额时,频率将下降,由于频率的下降,负荷将自动减小其消耗的有功功率,系数 k_{L*} 越大,其减小得越多,由于负荷消耗有功功率的自动减小,使得系统有功功率在较低频率下重新得以平衡。

可见,负荷参与了有功功率平衡调节,它对系统频率的稳定起到有利的调节作用,而系数 k_{L*} 正反映了负荷的这种调节能力的大小,称之为负荷的频率调节效应系数。

电力系统负荷的频率—有功功率特性是指负荷取用有功功率与系统频率之间的关系,它取决于负荷的类型。电力系统综合负荷的频率—有功功率特性是由各种类型负荷的频率—有功功率特性按比例组合而成。

本实验系统用电阻器作为有功功率负荷,电阻器取用频率正比于其他电源电压的平方。当发电机励磁控制系统工作于恒压方式下时,电阻器取用功率与频率无关;当励磁控制系统工作于恒励磁电流方式时,由于机端电压正比于转速(即频率),所以电阻器取用功率与频率成平方关系。

3. 电力系统的频率—有功功率特性

当电力系统发生频率波动时,同步发电机的调速器控制作用和负荷的频率调节效应是同时进行的。由于发电机调速器是按照偏差负反馈原理构成的,所以具有正调差、下倾的特性。也就是说,当电力系统频率下降时,同步发电机输出功率增加,发电机调差系数 k_G 越小,发电机组分担的变动功率 ΔP 越大;反之则越小。另外,负荷的频率调节也相应减少,这一特点有助于在电力系统频率变动时功率重新获得平衡。因为当系统负荷突然增大时,发电机组输出功率因调节系统的延时而不能及时跟上,电力系统频率必然下降,而负荷吸收功率的减少,显然有助于功率的平衡。

电力系统中有许多台发电机组和不同类型的负荷,为分析电力系统频率的方便,必须将所有发电机组和负荷(输电网络的损耗看成负荷的一部分)分别并为一个等效发电机组和等效负荷。

调速器的调节作用：一次调节移动发电机的频率—有功功率特性；二次调节（无差调节）：手动或自动操作调频器，使发电机组的频率特性平行移动，从而使负荷变动引起的频率偏移可保持在允许范围内。

4. 机组间有功功率分配

系统负荷总量应在各并列运行机组间稳定而合理地得到分配，合理的含义是：各并联运行的机组所分配到的有功功率，按各机组自身容量为基准折算成标幺值时均相等，当电力负荷有功功率波动时，并联运行的机组中，调差系数较大的机组将承担较小的有功功率增量；调差系数较小的机组将承担较大的有功功率增量。

为此，要使有功功率负荷增量在各并联运行机组间得到合理、稳定的分配，就要求各机组具有相同的调差系数。同步发电机组典型的频率—有功功率特性曲线的调差系数一般在3%～5%范围。

四、实验步骤

1. 同步发电机的频率—有功功率特性（发电机的有功调差特性）的测定

1）3号发电厂起动

控制方式：手动励磁，组网运行，$n=1\,500$ r/min，$U_F=400$ V。

2）同步发电机频率—有功功率特性测定

依次按下THLZD-2电力系统综合自动化实验台上QF0，监控台上的QF6、QF8、QF9“合闸”按钮，依次记录此时发电机组的P、f，作出有功功率—频率特性曲线。

计算发电机组的调差系数和发电机组的单位调节功率。

有功功率等于零值时的频率f_1和有功功率等于非零值时的频率f_2，按下列公式即可计算出机组的有功调差系数R，即

$$R=-\frac{\dfrac{f_1-f_2}{f_N}}{\dfrac{P_1-P_2}{P_N}}\times 100\% \tag{4-3}$$

2. 负荷的频率—有功功率（负荷的频率调节效应）的测定

1）恒机端电压方式、负荷的有功功率—频率曲线的测定

（1）4号发电厂起动。

控制方式：常规励磁，组网运行，$n=1\,500$ r/min，$U_F=400$ V。

（2）负荷的有功功率—频率曲线的测定。

依次按下QF0、QF8，投入LD1后，按下QF9“合闸”按钮，投入负荷。手动调节原动机的频率，记录此时发电机组的P，作出有功功率—频率特性曲线。

2）恒励磁电流方式、负荷的有功功率—频率曲线的测定

（1）4号发电厂起动。

控制方式：手动励磁，组网运行，$n=1\,500$ r/min，$U_F=400$ V。

（2）负荷的有功功率—频率曲线的测定。

依次按下 QF0、QF8"合闸"按钮，投入负荷。手动调节原动机的频率，记录此时发电机组的 P，作出有功功率—频率特性曲线。再按下 QF9"合闸"按钮，投入负荷。手动调节原动机的频率，记录此时发电机组的 P，作出有功功率—频率特性曲线。

3)计算两次实验测定的负荷调节效应系数

3. 电力系统的频率—有功功率特性的测定

1)4 号发电厂起动

控制方式：手动励磁，并网运行，$n=1\ 500$ r/min，$U_F=400$ V。

2)频率的一次调整

(1)在同一坐标系里，绘制实验步骤 1 的发电机有功功率—频率特性曲线、实验步骤 2 的负荷有功功率—频率特性曲线，其交点为初始工作点 P_1、f_1。

(2)依次按下 QF0、QF8、QF9"合闸"按钮，记录此时发电机组的 P_2、f_2。

3)频率的二次调整

手动调节调速器的增速按钮，使 $f=50$ Hz，记录此时 P_3、f_3。

由以上步骤作出电力系统频率控制原理曲线。

4. 并列运行机组间的有功功率分配实验

1)3 号、4 号发电厂起动、并列运行

控制方式：常规励磁，组网运行，$n=1\ 500$ r/min，$U_F=400$ V。

2)负荷的分配

(1)两个发电厂并列运行后，依次按下各自实验台的 QF0、监控台的 QF8、QF9"合闸"按钮，记录此时各发电机组的 P、f，以及负荷的有功功率。

(2)投入负荷 LD3，记录此时各发电机组的 P、f 以及负荷的有功功率。

(3)投入负荷 LD4，记录此时各发电机组的 P、f 以及负荷的有功功率。

五、实验报告

(1)根据实验数据，作出同步发电机组的有功功率—频率曲线。

(2)根据实验数据，作出电力系统负荷的有功功率—频率曲线。

(3)根据实验数据，作出电力系统的有功功率—频率曲线。

(4)根据实验步骤和数据，分析机组间有功功率分配的原理，总结操作方法。

(5)分析调差特性对机组并列运行的影响。

实验六

电力系统无功功率—电压特性实验

一、实验目的

(1)掌握同步发电机的无功功率—电压特性。

(2)掌握电力系统负荷的无功功率—电压特性。

(3)掌握变压器的无功功率损耗特性。

(4)掌握输电线路的无功功率损耗特性。

(5)掌握机组间参与并列运行机组的无功功率分配的原理和操作方法。

二、实验内容

(1)同步发电机的无功功率调差特性的测定。

(2)并列运行机组的无功功率分配。

(3)变压器空载和负载时无功功率损耗的测定。

(4)输电线路的无功功率损耗的测定。

三、实验原理

1)无功功率—电压特性与调差

同步发电机的机端电压随其输出无功功率变化的特性,称为同步发电机的无功功率—电压特性。无功功率调差系数 δ 是用来描述同步发电机组的无功功率—电压特性曲线特征的重要参数,它定义为

$$\delta = -\frac{\frac{\Delta U}{U_N}}{\frac{\Delta Q}{Q_N}} \tag{4-4}$$

无功功率调差系数 δ 在数值上等于机组的无功负荷从零值增加到机组的额定无功功率时(无功功率增量为一个标幺值),其电压增量的标幺值的绝对值。公式中的负号表示:下倾的曲线为正调差特性,上升的曲线为负调差特性,水平线是零调差特性。由分析可知,零调差和负调差特性的机组不能在发电机电压母线上并联运行,只有具有正调差特性的机组并联运行时才可以稳定分配有功功率。

2)调差与无功分配

验证两台并列运行机组的无功功率分配是按其调差系数的倒数进行的,最好是将两台机组直接在机端并列。如果两台机组各经过一段线路再与无穷大系统并列,则需要将线路的自然调差系数一并考虑在内,必要时励磁调节器工作在负调差状态。

将两台机组并入无穷大系统,用改变无穷大系统电压的方法改变无功功率输出总量,分别测定无功功率总量和各机组输出的无功功率,如果计量点相同,无功功率总量应等于两机组输出无功功率之和;否则因线路上的无功损耗使得上述关系不成立。无论怎样,两台机组无功增量的标幺值与各自调差系数的乘积应该相等。

3)电力系统负荷的无功功率—电压特性

异步电动机在电力系统负荷中占很大的比例,故电力系统的无功负荷与电压的静态特性主要由异步电动机决定。

电力系统中的变压器和输电线路在运行中也消耗无功功率,在考虑无功功率平衡时也可以将其视为无功负荷。

变压器中的无功损耗分为两部分,即励磁支路损耗和绕组漏抗损耗。其中,绕组漏抗损耗占的比例较大,系统中变压器无功功率损耗较有功功率损耗大得多。

输电线路等效的无功消耗特性取决于输电线路传输的功率与运行电压水平。当线路传输功率较大,电抗中消耗的无功功率大于电容中发出的无功功率时,线路等效为消耗无功;当传输功率较小、线路运行电压水平较高,电容中产生的无功功率大于电抗中消耗的无功功率时,线路等效为无功电源。

4)无功功率平衡与运行电压水平

电力系统中所有无功电源发出的无功功率,是为了满足整个系统无功负荷和网络无功损耗的需要。在电力系统运行的任意时刻,电源发出的无功功率总和一定等于同时刻系统负荷和网络的无功损耗之和。

系统无功电源充足时,可以维持系统在较高的电压水平下运行。为保证系统电压质量,在进行规划设计和运行时,需制定无功功率的供需平衡关系,并保持系统有一定的备用无功容量。在无功电源不足时,应增设无功补偿装置。

四、实验步骤

1. 同步发电机的无功功率调差特性的测定

1)1 号发电机组的调差系数测定

(1)1 号发电厂起动。

控制方式:微机励磁、他励,恒励磁电流控制方式,$n=1\,500$ r/min,$U_F=400$ V,组网运行。

(2)1 号发电厂并网运行。

投入无穷大系统电源,依次按下 QF1、QF18、QF19“合闸”按钮,通过 1 号发电厂的自动准同期装置,将 1 号发电厂并入无穷大系统。

(3)降低无穷大系统侧的电压,直到 1 号发电厂发出额定无功功率($P=1.5$ kW,$\cos\varphi=0.8$,$Q=1.5$ kvar),记录此时 1 号发电厂的出口电压。计算 1 号发电机组的调差系数。

(4)实验时,改变调差系数整定值,重复上述实验。

(5)测定恒定励磁电流运行方式时的调差系数。

2)2号、3号、4号、5号发电机组的调差系数测定

实验步骤同1号发电机组的测量方法。

2. 并列运行机组的无功功率分配

(1)3号、1号发电厂起动。

控制方式:微机励磁、他励,恒压控制方式,设置调差系数为+10,n=1 500 r/min,U_F=400 V。

(2)3号、1号发电厂并网运行。

投入无穷大系统电源,依次按下QF2、QF3、QF4、QF5、QF16、QF17、QF19"合闸"按钮,通过3号发电厂的自动准同期装置,将3号发电厂并入无穷大系统。然后通过4号发电厂的自动准同期装置,将4号发电厂并入无穷大系统。

(3)逐渐降低无穷大系统的电压,分别记录5~8组各发电厂的无功功率情况。

3. 变压器空载和负载时无功功率损耗的测定

电力变压器是电力输送的重要设备,也是造成无功功率损耗的主要因素。

1)空载时无功功率损耗的测定

投入无穷大系统电源,依次按下QF19、QF18、QF14"合闸"按钮,向变压器高压侧供电(其他两侧空载),改变无穷大系统电压,记录4~6组变压器电压与吸收无功功率之间的关系数据。

2)负载时无功功率损耗的测定

起动5号发电厂,依次按下QF19、QF18、QF14、QF10"合闸"按钮,通过5号发电厂的自动准同期装置,将5号发电厂并入无穷大系统。依次按下QF12、QF13"合闸"按钮,投入负荷LD4。改变无穷大系统电压,记录5~8组变压器高、中、低各侧无功功率、电压和电流。

4. 输电线路的无功功率损耗的测定

1)1号发电厂起动

控制方式:常规励磁、他励,组网运行,n=1 500 r/min,U_F=400 V。

2)无功功率损耗的测定

投入无穷大系统电源,依次按下QF19、QF3、QF16、QF17"合闸"按钮,调节8号母线的电压为400 V,通过1号发电厂的自动准同期装置,将1号发电厂并入无穷大系统。改变无穷大系统电压,记录5~8组XL2、XL5线路首、末两端电压以及无功功率。

五、实验报告

改变线路的无功电流,记录线路两端无功功率、电压和负荷电流的关系数据,对照理论公式,找出异同点,并分析原因。

第五章　供电工程实验

实验一

工厂电气主接线认知

一、实训目的

(1)熟悉本实训装置电气主接线模拟图。

(2)理解本实训装置电气主接线模拟图的设计理念。

(3)了解电气器件的代表符号。

(4)了解电气接线图的规则。

二、实验内容

(1)熟悉本实训装置电气主接线模拟图。

(2)了解电气器件的代表符号。

三、实验原理

整个系统模拟图可分为以下两个部分(按电压等级)。

(1)35 kV 总降压变电所主接线模拟部分,如图 5-1 所示。

QS 开头的表示隔离开关,QF 开头的表示断路器。TA 开头的表示电流互感器,TV 开头的表示电压互感器。

此部分采用两路 35 kV 进线,其中一路正常供电,另一路作为备用,两者互为明备用,通过备自投自动切换。在这两路进线的电源侧分别设置了“WL1 模拟失电”和“WL2 模拟失电”按钮,用于模拟外部电网失电现象。

35 kV 母线有两路出线,一路送其他分厂,还在该段线路上设置了故障设置按钮,并在此输电线路上装设微机线路保护设备一台,通过故障线路的设置及微机线路保护的整定,可以完成高压线路的微机继电保护实训内容;另一路经总降变降压为 10 kV 供本部厂区使用。

(2)10 kV 高压配电所主接线模拟部分,如图 5-2 所示。

10 kV 高压配电所中的进线也有两路:来自 35 kV 总降压变电所的供电线路和从邻近变电站进来的备用电源,这两路进线互为暗备用。总降变 T 是按有载调压设计的,通过有载调压分接头控制单元(模拟按钮或上位机)实现有载调压。在 10 kV 母线上还接有无功自动补偿

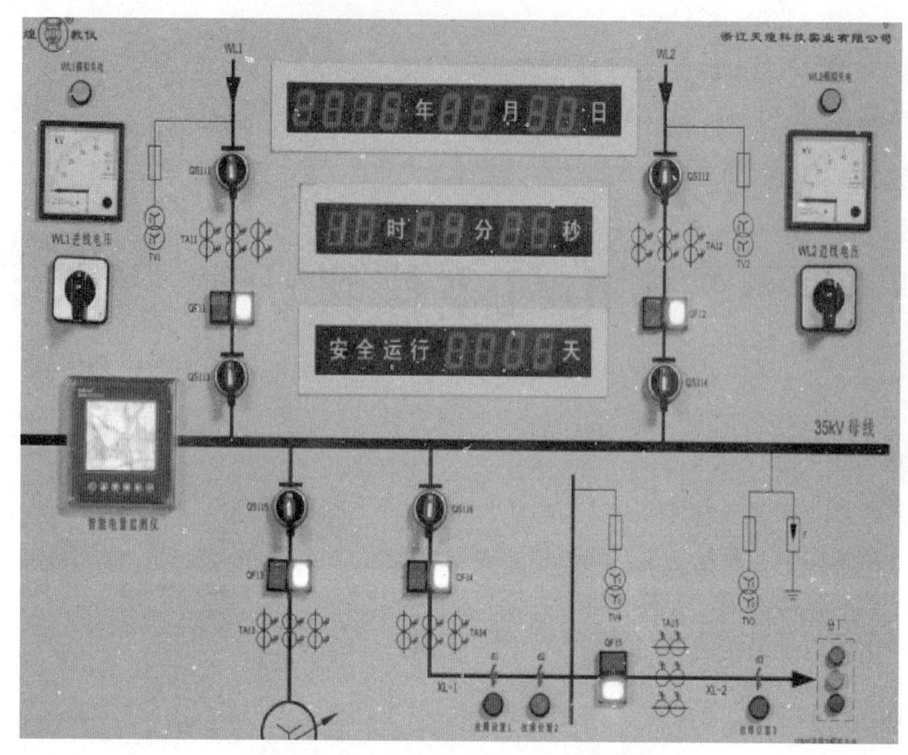

图 5-1　35 kV 总降压变电所主接线模拟图

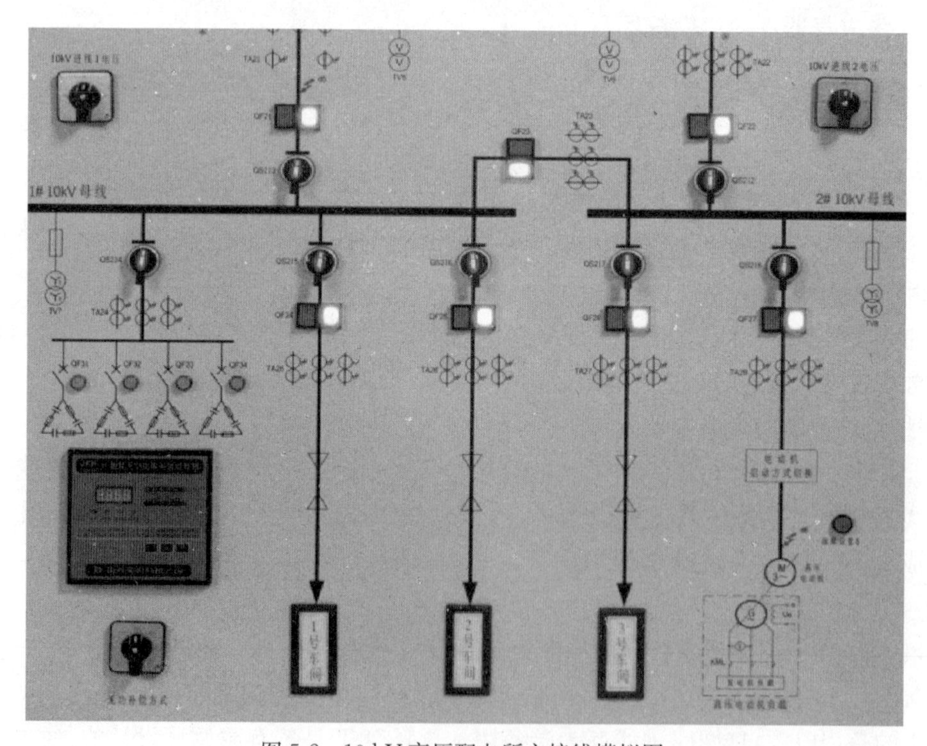

图 5-2　10 kV 高压配电所主接线模拟图

装置,母线上并联了 4 组三角形接线的补偿电容器组,对高压母线的无功功率进行集中补偿。当低压负荷的变化导致 10 kV 母线的功率因数低于设定值时,可通过无功功率补偿控制单元,实现电容器组的手动、自动补偿功能。此外,在 10 kV 高压配电所的 1 号和 2 号母线上还有四路出线:一条线路去一号车间变电所;一条线路去二号车间变电所;一条线路去三号车间变电所;一条线路直接给高压模拟电动机供电,还在高压电动机电源进口处设计了(三相短路)进线故障,并且在电动机供电线路上装设了微机电动机保护装置以及短路故障设置单元,可以完成高压电动机的继电保护实训内容。

该装置还配备微机备自投装置,可以完成进线备投和母联备投等功能。

通过操作面板上的按钮和选择开关可以接通和断开线路,进行系统模拟倒闸操作。本装置用一对方形按钮来模拟断路器:当按下面板上的红色按钮时,红色指示灯亮,表示断路器合闸;当按下面板上的绿色按钮时,绿色指示灯亮,表示断路器分闸。用长柄带灯开关模拟隔离开关:当把开关拨至竖直方向时,红色指示灯亮,表示隔离开关处于合闸状态;当把开关逆时针方向旋转 30°时,指示灯灭,表示断路器处于分闸状态。

四、实验步骤

(1)首先详细阅读实训装置的安全操作说明,并检查控制柜上的变压器负载调整方式转换开关在“正常”位置;否则会损坏设备。

(2)按照正确顺序起动实训装置。依次合上实训控制柜上的“总电源”“控制电源Ⅰ”,实训控制屏上的“控制电源Ⅱ”“进线电源”开关,再合上继保柜左侧的控制电源。

(3)把无功补偿方式选择开关拨到自动状态。本实训要求 THL-531 微机线路保护装置、THL-536 微机电动机保护装置、THL-512A 微机变压器综合保护装置中的所有保护全部退出,微机备自投装置设置成自动状态。

(4)依次合上实训装置控制屏上的 QS111、QS113、QF11、QS115、QF13、QS213、QF21、QS211、QS212、QF22、QS214、QS215、QF24、QS216、QF25 给 10 kV Ⅰ段母线上的用户供电,接下来依次合上实训装置控制屏上的 QS217、QF26、QS218、QF27 给 10 kV Ⅱ段母线上的用户供电,在装置的控制柜上把电动机起动方式选择开关置于“直接”位置,然后按下电动机起停控制部分的起动按钮,电动机组起动运行。到此,完成了本厂区的送电。接下来给其他分厂送电:依次合上 QS111、QS113、QF11、QS116、QF14、QF15,这时模拟分厂指示灯亮,表明分厂送电完成。

(5)模拟 35 kV 至分厂线路上发生三相短路故障。手动按下线路 XL-1 段上的短路故障设置按钮 d1,观察控制柜上线路电流表显示的短路电流;待 d1 经延时自复位后,手动按下线路 XL-1 段上的短路故障设置按钮 d2,观察控制柜上线路电流表显示的短路电流;待 d2 经延时自复位后,手动按下线路 XL-1 段上的短路故障设置按钮 d3,观察控制柜上线路电流表显示的短路电流。

(6)模拟高压电动机组发生故障。手动按下电动机进线处的短路故障设置按钮 d4,观察控制柜上高压电动机电流表显示的短路电流。

(7)该实训装置的电气主接线如图 5-3 所示。对照控制屏上的模拟图,熟悉各个电气器件,并找到每个电气器件在模拟屏上的位置。

QF—断路器;QS—隔离开关;TA—电流互感器;TV—电压互感器;T—变压器;F—避雷器。

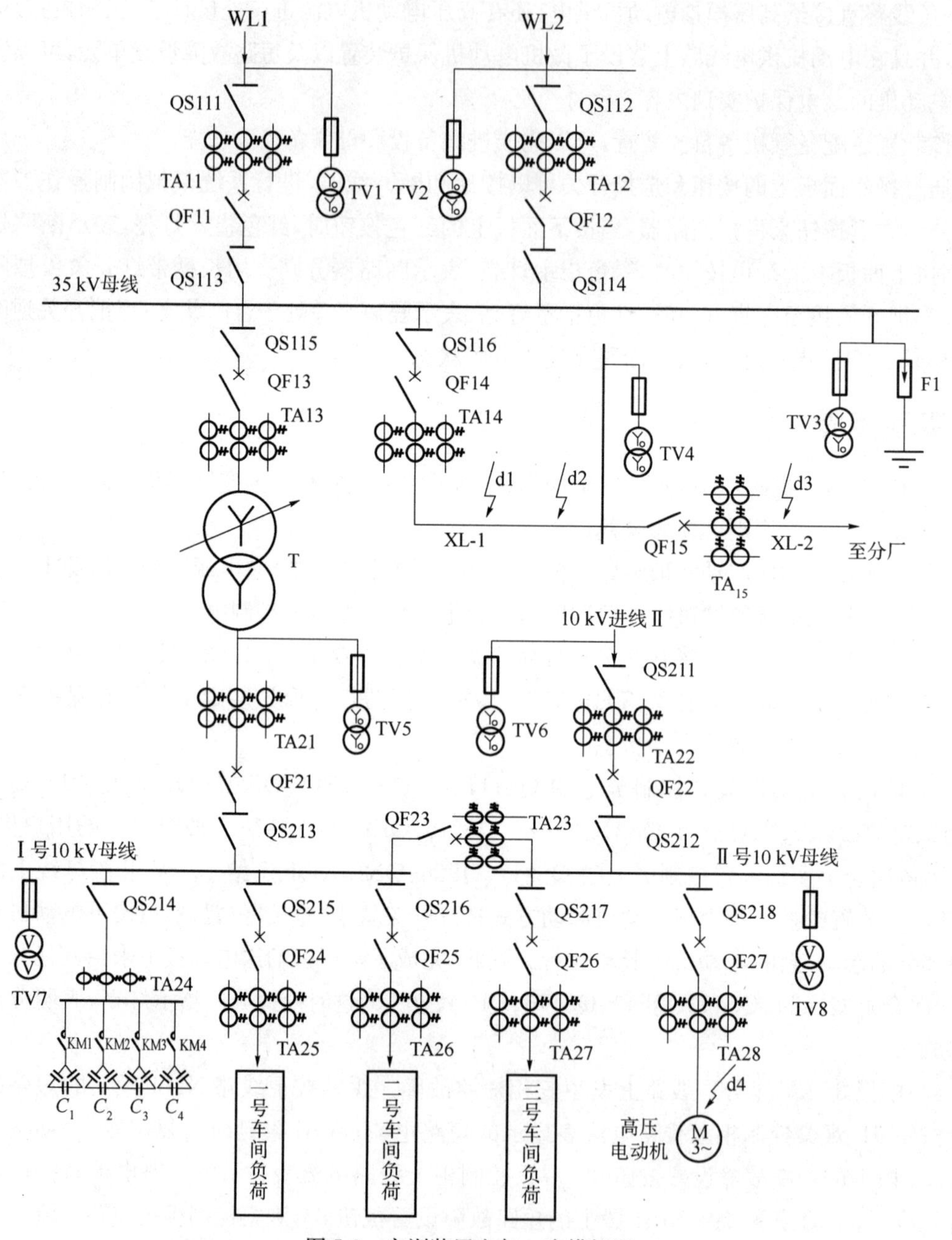

图 5-3 实训装置电气一次模拟图

(8)找到面板上的电流互感器,试说明要装设两组电流互感器的作用。

(9)观察面板,熟悉隔离开关和断路器的电气符号,并试说明为什么断路器的两侧需装设隔离开关？能不能去掉？

(10)观察主接线图，说明电压互感器 V/V 接线与 Y_0/Y_0 接线的区别及作用。

(11)观察电容器的接线，试说明电容器的作用及电容器能否为星形接法。

(12)分析图 5-3 所示的单线一次原理图，表述三相一次设备及连接的含义。

(13)观察面板，试说明 WL1 和 WL2 两路进线的作用。

五、实训报告

(1)总结电气一次模拟图的特点。

(2)试总结并掌握一次主接线各设备的名称及作用。

实验二

工厂供电倒闸操作

一、实验目的

(1)了解什么是倒闸操作。

(2)熟悉倒闸操作的要求及步骤。

(3)熟悉倒闸操作应注意的事项。

二、实验内容

倒闸操作的要求及步骤。

三、实验原理

倒闸操作是指按规定实现的运行方式,对现场各种开关(断路器及隔离开关)所进行的分闸或合闸操作。它是变配电所值班人员的一项经常性的、复杂而细致的工作,同时又十分重要,稍有疏忽或差错都将造成严重事故,带来难以挽回的损失。所以,倒闸操作时应对倒闸操作的要求和步骤了然于胸,并在实际执行中严格按照这些规则操作。

1. 倒闸操作的具体要求

(1)变配电所的现场一次、二次设备要有明显的标志,包括命名、编号、铭牌、转动方向、切换位置的指示以及区别电气相别的颜色等。

(2)要有与现场设备标志和运行方式相符合的一次系统模拟图,继电保护和二次设备还应有二次回路的原理图和展开图。

(3)要有考试合格并经领导批准的操作人和监护人。

(4)操作时不能单凭记忆,应在仔细检查操作地点及设备的名称编号后,才能进行操作。

(5)操作人不能依赖监护人,而应对操作内容完全做到心中有数;否则,操作中容易出问题。

(6)在进行倒闸操作时,不要做与操作无关的工作或闲谈。

(7)处理事故时,操作人员应沉着冷静,不要惊慌失措,要果断地处理事故。

(8)操作时应有确切的调度命令、合格的操作或经领导批准的操作卡。

(9)要采用统一的、确切的操作术语。

(10)要用合格的操作工具、安全用具和安全设施。

2. 倒闸操作的步骤

变配电所的倒闸操作可参照下列步骤进行。

(1)接受主管人员的预发命令。值班人员接受主管人员的操作任务和命令时,一定要记录清楚主管人员所发的任务或命令的详细内容,明确操作目的和意图。在接受预发命令时,要停止其他工作,集中思想接受命令,并将记录内容向主管人员复诵,核对其正确性。对枢纽变电所重要的倒闸操作应有两人同时听取和接受主管人员的命令。

(2)填写操作票。值班人员根据主管人员的预发令,核对模拟图和实际设备,参照典型操作票,认真填写操作票,在操作票上逐项填写操作项目。填写操作票的顺序不可颠倒,字迹清楚,不得涂改,不得用铅笔填写。而在事故处理、单一操作、拉开接地刀闸或拆除全所仅有的一组接地线时,可不用操作票,但应将上述操作记入运行日志或操作记录本上。

(3)审查操作票。操作票填写后,写票人自己应进行核对,认为确定无误后再交监护人审查。监护人应对操作票的内容逐项审查。对上一班预填的操作票,即使不在本班执行,也要根据规定进行审查。审查中若发现错误,应由操作人重新填写。

(4)接受操作命令。在主管人员发布操作任务或命令时,监护人和操作人应同时在场,仔细听清主管人员所发的任务和命令,同时要核对操作票上的任务与主管人员所发布的是否完全一致,并由监护人按照填写好的操作票向发令人复诵。经双方核对无误后在操作票上填写发令时间,并由操作人和监护人签名。只有这样,这份操作票才合格可用。

(5)预演。操作前,操作人、监护人应先在模拟图上按照操作票所列的顺序逐项唱票预演,再次对操作票的正确性进行核对,并相互提醒操作的注意事项。

(6)核对设备。到达操作现场后,操作人应先站准位置,核对设备名称和编号,监护人核对操作人所站的位置、操作设备名称及编号应正确无误。检查核对后,操作人穿戴好安全用具,取立正姿势,眼看编号,准备操作。

(7)唱票操作。监护人看到操作人准备就绪后,按照操作票上的顺序高声唱票,每次只准唱一步。严禁凭记忆不看操作票唱票,严禁看编号唱票。此时操作人应仔细听监护人唱票,并看准编号,核对监护人所发命令的正确性。操作人认为无误时,开始高声复诵,并用手指编号,做操作手势。严禁操作人不看编号瞎复诵,严禁凭记忆复诵。在监护人认为操作人复诵正确、两人一致认为无误后,监护人发出“对,执行”的命令,操作人方可进行操作,并记录操作开始的时间。

(8)检查。每一步操作完毕后,应由监护人在操作票上打一个“√”号。同时两人应到现场检查操作的正确性,如设备的机械指示、信号指示灯、表计变化情况等,以确定设备的实际分合位置。监护人认为可以后,应告诉操作人下一步的操作内容。

(9)汇报。操作结束后,应检查所有操作步骤是否全部执行,然后由监护人在操作票上填写操作结束时间,并向主管人员汇报。对已执行的操作票,在工作日志和操作记录本上做好记录,并将操作票归档保存。

(10)复查评价。变配电所值班负责人要召集全班人员,对本班已执行完毕的各项操作进行复查、评价并总结经验。

3. 牢记倒闸操作的注意事项

进行倒闸操作时应牢记并遵守下列各注意事项。

(1)倒闸操作前必须了解运行、继电保护及自动装置等情况。

(2)在电气设备送电前,必须收回并检查有关工作票,拆除临时接地线或拉下接地隔离开关,取下标识牌,并认真检查隔离开关和断路器是否在断开位置。

(3)倒闸操作必须由两人进行,一人操作一人监护。操作中应使用合格的安全工具,如验电笔、绝缘手套、绝缘靴等。

(4)变配电所上空有雷电活动时,禁止进行户外电气设备的倒闸操作;高峰负荷时要避免倒闸操作;倒闸操作时不进行交接班。

(5)倒闸操作前应考虑继电保护及自动装置整定值的调整,以适应新的运行方式。

(6)备用电源自动投入装置及重合闸装置,必须在所属主设备停运前退出运行,所属主设备送电后再投入运行。

(7)在倒闸操作中应监视和分析各种仪表的指示情况。

(8)在断路器检修或二次回路及保护装置上有人工作时,应取下断路器的直流操作保险,切断操作电源。油断路器在缺油或无油时,应取下油断路器的直流操作保险,以防系统发生故障而跳开该油断路器时发生断路器爆炸事故(因油断路器缺油时灭弧能力减弱,不能切断故障电流)。

(9)倒母线过程中拉或合母线隔离开关、断路器旁路隔离开关及母线分断隔离开关时,必须取下相应断路器的直流操作保险,以防止带负荷操作隔离开关。

(10)在操作隔离开关前,应先检查断路器确在断开位置,并取下直流操作保险,以防止操作隔离开关过程中因断路器误动作而造成带负荷操作隔离开关的事故。

4. 停送电操作时拉合隔离开关的次序

操作隔离开关时,绝对不允许带负荷拉闸或合闸。故在操作隔离开关前,一定要认真检查断路器所处的状态。为了在发生错误操作时能缩小事故范围,避免人为扩大事故,停电时应先拉线路侧隔离开关,送电时应先合母线侧隔离开关。这是因为停电时可能出现的误操作情况有:断路器尚未断开电源而先拉隔离开关,造成带负荷拉隔离开关;断路器虽已断开,但在操作隔离开关时由于走错间隔而错拉了不应停电的设备。

5. 变压器的倒闸操作

(1)变压器停送电操作顺序:送电时,应先送电源侧,后送负荷侧;停电时,操作顺序与此相反。

按上述顺序操作的原因:由于变压器主保护和后备保护大部分装在电源侧,送电时,先送电源,在变压器有故障的情况下,变压器的保护动作,使断路器跳闸切除故障,便于按送电范围检查、判断及处理故障;送电时,若先送负荷侧,在变压器有故障的情况下,对小容量变压器,其主保护及后备保护均装在电源侧,此时,保护拒动,这将造成越级跳闸或扩大停电范围。对大容量变压器,均装有差动保护,无论从哪一侧送电,变压器故障均在其保护范围内,但大容量变压器的后备保护(如过流保护)均装在电源侧,为取得后备保护,仍然按照先送电源侧,后送负荷侧为好。停电时,先停负荷侧,在负荷侧为多电源的情况下,可避免变压器反充电;反之,将会造成变压器反充电,并增加其他变压器的负担。

(2)凡有中性点接地的变压器,变压器的投入或停用,均应先合上各侧中性点接地隔离开关。变压器在充电状态时，其中性点隔离开关也应合上。

中性点接地隔离开关合上的目的：一是可以防止单相接地产生过电压和避免产生某些操作过电压，保护变压器绕组不致因过电压而损坏；二是中性点接地隔离开关合上后，当发生单相接地时，有接地故障电流流过变压器，使变压器差动保护和零序电流保护动作，将故障点切除。如果变压器处于充电状态，中性点接地隔离开关也应在合闸位置。

（3）两台变压器并联运行，在倒换中性点接地隔离开关时，应先合上中性点未接地的接地隔离开关，再拉开另一台变压器中性点接地的隔离开关，并将零序电流保护切换至中性点接地的变压器上。

（4）变压器分接开关的切换。无载分接开关的切换应在变压器停电状态下进行，分接开关切换后，必须用欧姆表测量分接开关接触电阻合格后，变压器方可送电。有载分接开关在变压器带负荷状态下，可手动或电动改变分接头位置，但应防止连续调整。

四、实验步骤

1. 接线

（1）用航空电缆线把控制屏与控制柜一一对应连接，再用航空电缆线把控制屏与继电保护柜连接起来，并检查接线的正确性。

（2）把控制屏面板上的所有电流互感器用强电线短接起来，防止电流互感器出现开路，以免损坏电流互感器。

（3）检查控制柜上的变压器负载调整方式转换开关在“正常”位置；否则会损坏设备。

2. 上电

依次合上控制柜上的总电源、控制电源，合上控制屏上的总电源和控制电源，再合上继电保护柜左侧的控制电源。这时可观察到控制屏的断路器分闸指示灯均亮（绿色）。

3. 送电操作

变配电所送电时，一般从电源侧的开关合起，依次合到负荷侧的各开关。按这种步骤进行操作，可使开关的合闸电流减至最小，比较安全。如果某部分存在故障，该部分合闸便会出现异常情况，故障容易被发现。但是在高压断路器—隔离开关及低压断路器—刀开关电路中，送电时一定要按照母线侧隔离开关或刀开关、线路侧隔离开关或刀开关、高压或低压断路器的顺序依次操作。

（1）在 WL1 或 WL2 上任选一条进线，在此以选择进线Ⅰ为例：合上隔离开关 QS111，拨动“WL1 进线电压”电压表下面的凸轮开关，观察电压表的电压是否正常、有无缺相现象。然后再合上隔离开关 QS113，接着合上断路器 QF11，如一切正常，合上隔离开关 QS115 和断路器 QF13，这时主变压器投入。

（2）拨动 10 kV 进线Ⅰ电压表下面的凸轮开关，观察电压表的电压是否正常、有无缺相现象。如一切正常，依次合上隔离开关 QS213 和断路器 QF21、QF23，再依次合上隔离开关 QS215 和断路器 QF24、隔离开关 QS216 和断路器 QF25、隔离开关 QS217 和断路器 QF26，给一号车间变电所、二号车间变电所、三号车间变电所送电。

4. 停电操作

变配电所停电时，应将开关拉开。其操作步骤与送电相反，一般先从负荷侧的开关拉起,依次拉到电源侧开关。按这种步骤进行操作,可使开关分断产生的电弧减至最小,比较安全。

5. 断路器和隔离开关的倒闸操作

倒闸操作步骤:合闸时应先合隔离开关,再合断路器;拉闸时应先断开断路器,然后再拉开隔离开关。

五、实验报告

(1)总结什么是倒闸操作。

(2)总结倒闸操作的要求及步骤。

(3)总结倒闸操作应注意的事项。

实验三

无时限电流速断保护实训

一、实验目的

(1)掌握无时限电流速断保护的原理、计算和整定的方法。

(2)熟悉无时限电流速断保护的特点。

二、实验内容

掌握无时限电流速断保护计算和整定方法。

三、实验原理

在电网的不同地点发生相间短路时,线路中通过电流的大小是不同的,短路点离电源越远,短路电流就越小。此外,短路电流的大小还与系统的运行方式和短路种类有关。

在图 5-4 中:①表示在最大运行方式下,不同地点发生三相短路时的短路电流变化曲线;②表示在最小运行方式下,不同地点发生两相短路时的短路电流变化曲线。

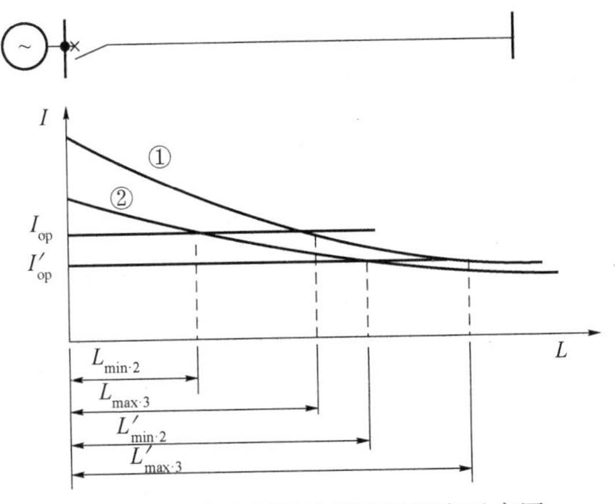

图 5-4　电流速断保护范围的测定示意图

如果将保护装置中电流起动元件的动作电流 I_{op} 整定为:在最大运行方式下,线路首端 $L_{max\cdot 3}$ 处发生三相短路时通过保护装置的电流,那么在该处以前发生短路,短路电流会大于该动作电流,保护装置就能起动。对在该处以后发生的短路,因短路电流小于装置的动作电流,故它不起动。因此，$L_{max\cdot3}$就是在最大运行方式下发生三相短路时电流速断的保护范围。

如果将保护装置的动作电流减小，整定为 I'_{op}，从图 5-4 可见，电流速断的保护范围增大了。在最大运行方式下发生三相短路时，保护范围为 $L'_{max\cdot3}$；在最小运行方式下发生两相短路时，保护范围为 $L'_{min\cdot2}$。由以上分析可知，电流速断保护是根据短路时通过保护装置的电流来选择动作电流的，以动作电流的大小来控制保护装置的保护范围。

四、实验步骤

1. 接线

(1)用航空电缆线把控制屏与控制柜一一对应连接，再用航空电缆线把控制屏与继电保护柜连接起来，并检查接线的正确性。

(2)按图 5-5 和表 5-1 接线，并且检查接线的正确性，以免损坏微机。并把控制屏面板上不用的电流互感器用强电线短接起来，防止电流互感器开路，以免损坏电流互感器。

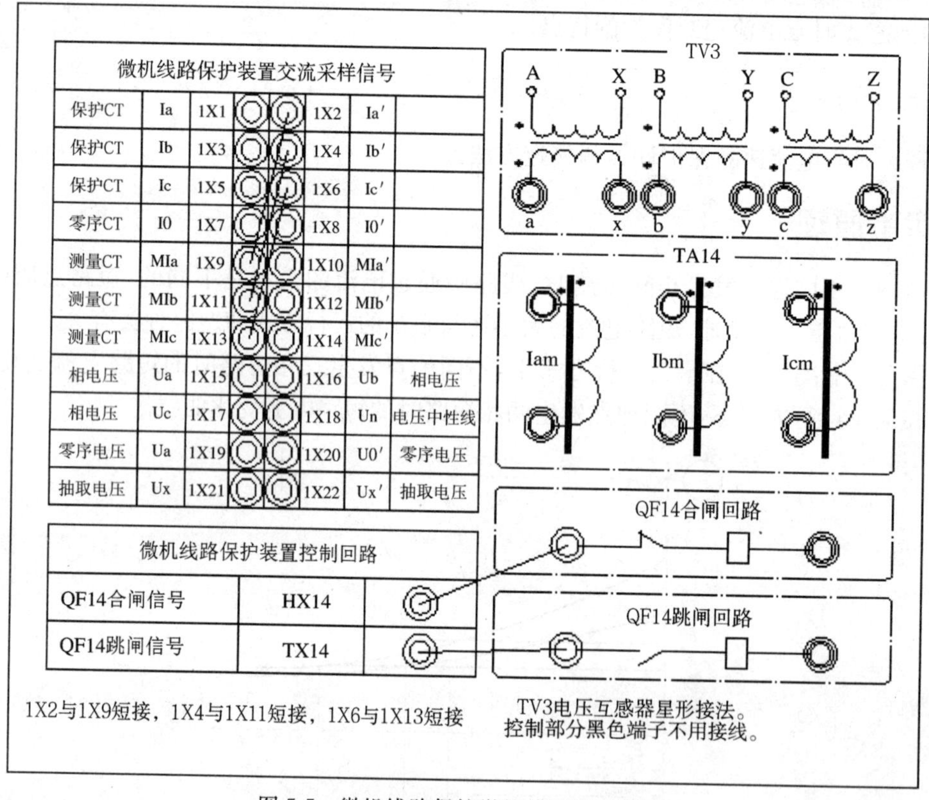

图 5-5 微机线路保护微机线图及对照表

(3)检查控制柜上的变压器负载调整方式转换开关，应旋至“正常”位置；否则会损坏设备。电秒表凸轮开关置于“线路保护”位置。

2. 上电

(1)依次合上控制柜上的总电源、控制电源，合上控制屏上的总电源和控制电源，再合上继电保护柜左侧的控制电源。这时可观察到控制屏的断路器分闸指示灯均亮(绿色)。

表 5-1 微机线路保护装置交流采样信号接线对照表

<table>
<tr><th colspan="2">互感器接线端子</th><th>微机保护装置采样信号</th><th colspan="2">互感器接线端子</th><th>微机保护装置采样信号</th></tr>
<tr><td rowspan="4">TV3</td><td>a</td><td>1X15</td><td rowspan="6">TA14</td><td>Iam*</td><td>1X1</td></tr>
<tr><td>b</td><td>1X16</td><td>Ibm*</td><td>1X3</td></tr>
<tr><td>c</td><td>1X17</td><td>Icm*</td><td>1X5</td></tr>
<tr><td>x、y、z</td><td>1X18</td><td>Iam</td><td>1X10</td></tr>
<tr><td></td><td></td><td></td><td>Ibm</td><td>1X12</td></tr>
<tr><td></td><td></td><td></td><td>Icm</td><td>1X14</td></tr>
</table>

(2)再依次合上 QS111、QS113、QF11、QS116、QF14、QF15 给分厂送电,这时可观察到分厂带电指示灯亮。

3. THL-531 微机线路保护测控装置参数整定

具体整定参见表 5-2 和表 5-3。

表 5-2 THL-531 保护装置保护投退整定表(其余保护均退出)

保护序号	代号	保护名称	整定方式
01	I1	电流Ⅰ段保护	投入

表 5-3 THL-531 保护装置保护定值整定表

定值序号	代号	定值名称	整定范围
01	I1zd	电流Ⅰ段定值	1.5 A
01	T1zd	电流Ⅰ段时间定值	0 s

4. 无时限电流速断保护的校验

(1)把系统运行方式旋至“最大”,分别按下 d1、d2、d3 处的短路故障按钮,观察 THL-531 保护装置是否动作,并将实训现象记录至表 5-4 中。

表 5-4 系统最大运行方式下无时限电流速断保护实验现象记录表

短路点位置	最大运行方式(三相短路)是否动作	实训现象
d1 处		
d2 处		
d3 处		

(2)把系统运行方式旋至“最小”,分别按下 d1、d2、d3 处的短路故障按钮,观察 THL-531 保护装置是否动作,并将实训现象记录至表 5-5 中。

(3)把系统运行方式旋至“正常”,分别按下 d1、d2、d3 处的短路故障按钮,观察 THL-531 保护装置是否动作,并将实训现象记录至表 5-6 中。

表 5-5　系统最小运行方式下无时限电流速断保护实验现象记录表

短路点位置	正常运行方式(三相短路)是否动作	实训现象
d1 处		
d2 处		
d3 处		

表 5-6　系统正常运行方式下无时限电流速断保护实验现象记录表

短路点位置	最小运行方式(三相短路)是否动作	实训现象
d1 处		
d2 处		
d3 处		

五、实验报告

(1)通过以上实训数据,总结出无时限电流速断保护的特点及作用。

(2)总结运行方式和短路方式对无时限电流速断保护有何影响。

(3)通过以上数据分析无时限电流的缺点。

实验四

进线备投及自适应实训

一、实验目的

了解进线备投的原理和工作方式。

二、实验内容

(1)明备用方式实验。

(2)明备用自适应方式实验。

三、实验原理

装置引入进线1电压U_{11}和进线2电压U_{12},用于有压、无压判别。每个进线开关各引入一相电流(I_{L1}、I_{L2}),是为了防止TV(或称"PT")三相断线后造成桥开关误投,也是为了更好地确认进线开关已跳开。

装置引入QF11和QF12,用于系统运行方式、自投准备及自投动作判别。装置输出接点有跳QF11和QF12,合QF11和QF12各两副接点。带自保持的保护、备投动作和装置故障信号输出。

进线备投一次接线如图5-6所示,进线1和进线2互为明备用。

方式一:进线1运行、进线2备用

备投动作条件如下:

(1)进线1有电压、有电流。

(2)进线1断路器QF11处于合位,进线2断路器QF12处于分位。

方式二:进线1备用、进线2运行

备投动作条件如下:

(1)进线2有电压、有电流。

(2)进线1断路器QF11处于分位,进线2断路器QF12处于合位。

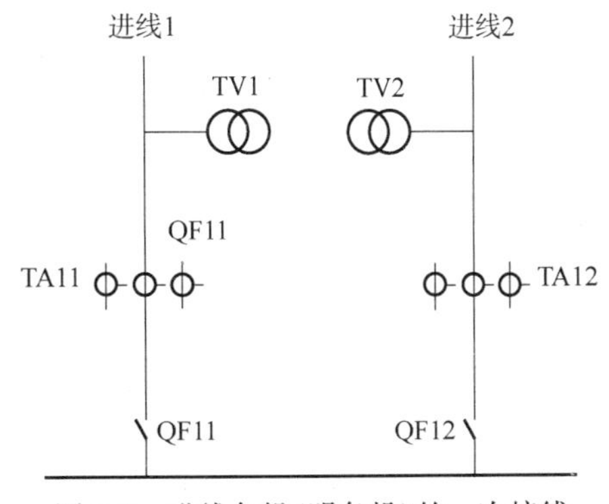

图5-6　进线备投(明备投)的一次接线

方式三:进线1运行、进线2备用(自适应)

自适应动作条件如下:

(1)进线2有电压、有电流。

(2)进线1断路器QF11处于分位,进线2断路器QF12处于合位。

(3)允许自适应。

方式四:进线1备用、进线2运行(自适应)

自适应动作条件如下:

(1)进线1有电压、有电流。

(2)进线1断路器QF11处于合位,进线2断路器QF12处于分位。

(3)允许自适应。

四、实验步骤

参照本章实验一完成备自投装置的接线,在保证接线完成且无误的情况下再开始实验内容。

1. 明备用方式一实训

(1)依次合上实训控制柜上的“总电源”“控制电源Ⅰ”和实训控制屏上的“控制电源Ⅱ”“进线电源”开关,再合上继电保护柜左侧的控制电源。

(2)检查实训控制屏面板上的隔离开关QS111、QS112、QS113、QS114、QS115、QS213、QS215、QS217是否处于“合闸”状态,未处于“合闸”状态的,手动使其处于合闸状态;手动使实训控制屏面板上的断路器QF11、QF13、QF21、QF23处于“合闸”状态,使其他断路器均处于“分闸”状态;手动投入负荷“Ⅰ号车间”和“Ⅲ号车间”,方法为手动合上断路器QF24和QF26。

(3)对实训控制柜上的THLBT-1微机备投装置做以下设置:

- “备自投方式”设置为“进线”。
- “运行路线”设置为“进线1”。
- “无压整定”设置为“20 V”。
- “有压整定”设置为“70 V”。
- “投入延时”设置为“3 s”。
- “自适应设置”设置为“退出”。

(4)按下控制屏面板上的“WL1模拟失电”键。

(5)当THLBT-1微机备投装置显示“进线备投成功”后,按下THLBT-1微机备投装置面板上的“退出”键,再按下“确认”键进入主菜单,选择“历史记录”,查看“事件记录”,并记录事件及时间于表5-7中。

(6)恢复进线1供电。方法:按下“WL1模拟失电”按键,手动使断路器QF12处于“分闸”状态,使断路器QF11处于“合闸”状态,为下一步操作做准备。

(7)调整控制柜上的THLBT-1微机备投装置,将“备投延时”分别设置为“2 s”“1 s”“0 s”,重复步骤(4)～(6)。

(8)将实训结果填入表5-7中。

2. 明备用方式二实训

(1)依次合上实训控制柜上的“总电源”“控制电源Ⅰ”和实训控制屏上的“控制电源Ⅱ”“进线电源”开关。

表 5-7　明备用方式一实训现象记录表

序号	备投延时时间/s	动作过程(投入前和投入后断路器状态)		事件及时间
		投入前	投入后	
1	3			
2	2			
3	1			
4	0			

(2)检查实训控制屏面板上的隔离开关 QS111、QS112、QS113、QS114、QS115、QS213、QS215、QS217 是否处于“合闸”状态,未处于“合闸”状态的,手动使其处于“合闸”状态;手动使实训控制屏面板上的断路器 QF11、QF13、QF21、QF23 处于“合闸”状态,使其他断路器均处于“分闸”状态;手动投入负荷“Ⅰ号车间”和“Ⅲ号车间”,方法为手动合上断路器 QF24 和 QF26。

(3)对实训控制柜上的 THLBT-1 微机备投装置做以下设置:

- “备自投方式”设置为“进线”。
- “运行路线”设置为“进线 2”。
- “无压整定”设置为“20 V”。
- “有压整定”设置为“70 V”。
- “投入延时”设置为“3 s”。
- “自适应设置”设置为“退出”。

(4)按下“WL2 模拟失电”键。

(5)当 THLBT-1 微机备投装置显示“进线备投成功”后,按下 THLBT-1 微机备投装置面板上的“退出”键,再按下“确认”键进入主菜单,选择“历史记录”,查看“事件记录”,并记录事件及时间于表 5-8 中。

(6) 恢复进线 2 供电。方法:按下“WL2 模拟失电”键,手动使断路器 QF11 处于“分闸”状态,使断路器 QF12 处于“合闸”状态,为下一步操作做准备。

(7)调整控制柜上的 THLBT-1 微机备投装置,将“备投延时”分别设置为“2 s”“1 s”“0 s”,重复步骤(4)～(6)。

(8)进入 THLBT-1 微机备投装置菜单中的“事件记录”,填写表 5-8。

表 5-8　明备用方式二实训现象记录表

序号	备投延时时间/s	动作过程(投入前和投入后断路器状态)		事件及时间
		投入前	投入后	
1	3			
2	2			
3	1			
4	0			

3. 明备用自适应方式三实训

(1)依次合上实训控制柜上的“总电源”“控制电源Ⅰ”和实训控制屏上的“控制电源Ⅱ”“进

线电源”开关，再合上继电保护柜左侧的控制电源。

(2)检查实训台面板上的隔离开关QS111、QS112、QS113、QS114、QS115、QS213、QS215、QS217是否处于“合闸”状态，未处于“合闸”状态的，手动使其处于“合闸”状态；手动使实训台上的断路器QF11、QF13、QF21、QF23处于“合闸”状态，使其他断路器均处于“分闸”状态；手动投入负荷“Ⅰ号车间”和“Ⅲ号车间”，方法为手动合上断路器QF24和QF26。

(3)对实训控制柜上的THLBT-1微机备投装置做以下设置：

- “备自投方式”设置为“进线”。
- “运行路线”设置为“进线1”。
- “无压整定”设置为“20 V”。
- “有压整定”设置为“70 V”。
- “投入延时”设置为“3 s”。
- “自适应设置”设置为“投入”。
- “自适应延时”设置为“3 s”。

(4)按下“WL1模拟失电”键。

(5)当THLBT-1微机备投装置显示“进线备投成功”后，等装置自动回到初始界面后，按下“确认”键进入主菜单，选择“历史记录”，查看“事件记录”，并记录事件及时间于表5-9中。

(6)再次按下“WL1模拟失电”键，恢复进线1供电，当THLBT-1微机备投装置显示“进线备投自适应成功”后，按下THLBT-1微机备投装置面板上的“退出”键，再按下“确认”键进入主菜单，选择“历史记录”，查看“事件记录”，并记录事件及时间于表5-9中。

(7)调整THLBT-1微机备投装置，将“备投延时”分别设置为“2 s”“1 s”“0 s”，重复步骤(4)～(6)。

(8)进入THLBT-1微机备投装置菜单中的“事件记录”，填写表5-9。

表5-9 明备用自适应方式三实训现象记录表

序号	备投延时时间/s	动作过程(投入前和投入后断路器状态)		事件及时间
		投入前	投入后	
1	3			
2	2			
3	1			
4	0			

4. 明备用自适应方式四实训

(1)依次合上实训控制柜上的“总电源”“控制电源Ⅰ”和实训控制屏上的“控制电源Ⅱ”“进线电源”开关。

(2)检查实训台面板上的隔离开关QS111、QS112、QS113、QS114、QS115、QS213、QS215、QS217是否处于“合闸”状态，未处于“合闸”状态的，手动使其处于“合闸”状态；手动使实训台上的断路器QF11、QF13、QF21、QF23处于“合闸”状态，使其他断路器均处于“分闸”状态；手动投入负荷“Ⅰ号车间”和“Ⅲ号车间”，方法为手动合上断路器QF24和QF26。

(3)对实训控制柜上的 THLBT-1 微机备投装置做以下设置：

- “备自投方式”设置为“进线”。
- “运行路线”设置为“进线 2”。
- “无压整定”设置为“20 V”。
- “有压整定”设置为“70 V”。
- “投入延时”设置为“3 s”。
- “适应设置”设置为“投入”。

(4)按下“WL2 模拟失电”按键。

(5)当 THLBT-1 微机备投装置显示“进线备投成功”后，等装置自动回到初始界面后，按下“确认”键进入主菜单，选择“历史记录”，查看“事件记录”，并记录事件及时间于表 5-10 中。

(6)再次按下“WL2 模拟失电”键，恢复进线 2 供电，当 THLBT-1 微机备投装置显示“进线备投自适应成功”后，按下 THLBT-1 微机备投装置面板上的“退出”键，再按下“确认”键进入主菜单，选择“历史记录”，查看“事件记录”，并记录事件及时间于表 5-10 中。

(7)调整 THLBT-1 微机备投装置，将“备投延时”分别设置为“2 s”“1 s”“0 s”，重复步骤(4)～(6)。

(8)进入 THLBT-1 微机备投装置菜单中的“事件记录”，填写表 5-10。

表 5-10　明备用自适应方式四实训现象记录表

序号	备投延时时间/s	动作过程(投入前和投入后断路器状态)		事件及时间
		投入前	投入后	
1	3			
2	2			
3	1			
4	0			

五、实验报告

(1)阐述进线备自投的原理。

(2)阐述自适应实训的详细步骤。

实验五

无功自动补偿实训

一、实验目的

了解无功补偿装置的自动补偿功能。

二、实验内容

(1)手动无功补偿。

(2)自动切换电容组。

三、实验原理

工厂中由于有大量的感应电动机、电焊机、电弧炉及气体放电灯等感性负荷,从而使功率因数降低。如在充分发挥设备潜力、改善设备运行性能、提高其自然功率因数的情况下,仍达不到规定的功率因数要求时,根据《供配电系统设计规范》GB 50052—1995 和《评价企业合理用电技术导则》GB 3485—1983 等规定,应合理装设无功补偿设备,以人工补偿方式来提高功率因数。

进行无功功率人工补偿的设备,主要有同步补偿机和并联电容器。并联电容器又称移相电容器,在工厂供电系统中应用最为普遍,具有安装简单、运行维护方便、有功损耗小以及组装灵活、扩建方便等优点。

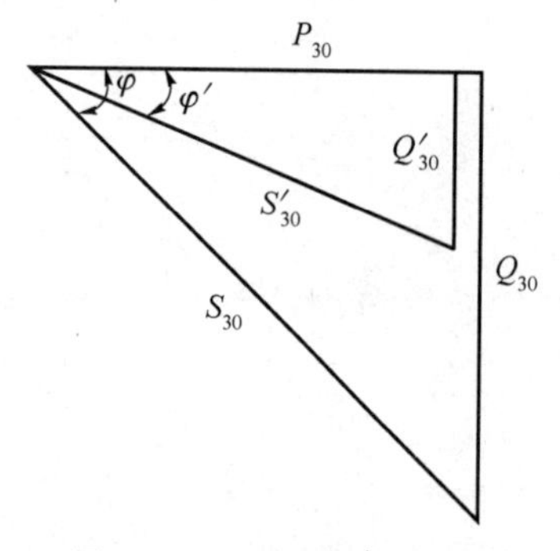

图 5-7　功率因数的提高与无功功率、视在功率的变化

并联补偿的电力电容器大多采用 Δ 形接线。低压并联电容器,绝大多数是做成三相的,而且内部已接成 Δ 形。

图 5-7 所示为功率因数的提高与无功功率和视在功率变化的关系。假设功率因数由 $\cos\varphi$ 提高到 $\cos\varphi'$,这时在负荷需要的有功功率 P_{30} 不变的条件下,无功功率 Q_{30} 减小到 Q'_{30},相应地,负荷电流 I_{30} 也得以减小,这将使系统的电能损耗和电压损耗相应降低,既节约了电能,又提高了电压质量,而且可选较小容量的供电设备和导线电缆,因此提高功率因数对电力系统大有好处。

由图 5-7 可知,要使功率因数由 $\cos\varphi$ 提高到 $\cos\varphi'$,必须

要求装设的无功补偿装置(通常采用并联电容器)容量为

$$Q_C = Q_{30} - Q'_{30} = P_{30}(\tan\varphi - \tan\varphi') \tag{5-1}$$

式中：$\Delta q_c = \tan\varphi - \tan\varphi'$，称为无功补偿率，或比补偿容量。这个无功补偿率表示使 1 kW 的有功功率由 $\cos\varphi$ 提高到 $\cos\varphi'$ 所需要的无功补偿容量 kvar 值，其单位为 kvar/kW。

本系统内电容器组的参数如表 5-11 所示。

表 5-11　实验用电容器组参数表

组数	电容值/μF	补偿无功功率/kvar
第一组(C_1)	2.0	0.030
第二组(C_2)	1	0.015
第三组(C_3)	1	0.015
第四组(C_4)	2.2	0.033

并联电容器在工厂供电系统中的装设方式有高压集中补偿、低压集中补偿和分散就地补偿(单独个别补偿)等 3 种。

高压集中补偿是将高压电容器组集中装设在工厂变配电所的 6～10 kV 母线上。这种补偿方式只能补偿 6～10 kV 母线以前所有线路上的无功功率，而此母线后的厂内线路的无功功率得不到补偿，所以这种补偿方式的经济效果比后两种补偿差。

低压集中补偿是将低压电容器集中装设在车间变电所的低压母线上。这种补偿方式能补偿车间变电所低压母线以前车间变压器和前面高压配电线路及电力系统的无功功率。由于这种补偿方式能使车间变压器的视在功率减小，从而可使主变压器的容量选得较小，因此比较经济，而且这种补偿的低压电容器柜一般可安装在低压配电室内，运行维护安全方便，因此这种补偿方式在工厂中相当普遍。

分散就地补偿又称单独个别补偿，是将并联电容器组装设在需进行无功补偿的各个用电设备旁边。这种补偿方式能够补偿安装部位以前的所有高低压线路和电力变压器的无功功率，因此其补偿范围最大，补偿效果最好，应予以优先采用。但这种补偿方式总的投资较大，且电容器组在被补偿的用电设备停止工作时，它也将一并被切除，因此其利用率较低。

四、实验步骤

1. 手动无功补偿

(1)将控制柜上的变压器负载调整方式转换开关旋至“正常”位置；否则会损坏设备。

(2)按照正确顺序起动实验装置，依次合上控制柜上的总电源、控制电源，合上控制屏上的总电源和控制电源，再合上继电保护柜左侧的控制电源。这时可观察到控制屏的断路器分闸指示灯均亮(绿色)。把无功补偿方式的凸轮开关拨至“停”位置，然后依次合上 QS111、QS113、QF11、QS115、QF13、QS213、QF21、QF23，把主回路的电能送到 10 kV 母线上，再依次合上 QS214、QS215、QF24、QS216、QF25、QS217、QF26、QS218、QF27，在控制柜上选择电动机的起动方式为“直接”，然后起动电动机。

(3)顺时针方向旋转凸轮开关于“手动”“2”“3”“4”位置，并且通过“设置”按钮来切换 LED

显示“功率因数”“取样电压”和“取样电流”，记录凸轮开关拨至不同位置时的值于表5-12中。

(4)逆时针方向旋转凸轮开关到“停”位置，依次切除电容器组，记录电容器切除顺序于表5-12中。

注意：在投入与退出4组电容过程中操作都不要过快。

表5-12　手动无功补偿实验数据记录表

运行状态	电压值/V	电流值/A
初始状态		
手动投入第一组电容 C_1		
手动投入第二组电容 C_2		
手动投入第二组电容 C_3		
手动投入第二组电容 C_4		
电容切除顺序		

2. 自动投切电容组

(1)设置JKL5CF智能无功功率自动补偿控制器。操作无功补偿控制器使LED显示手动“HXXX”状态，如果有电容已经投入或控制器面板上的指示灯亮，则手动按下控制器面板上的▼键使其全部退出，记录此时的初始功率因数于表5-13中。

(2)把“无功补偿方式”凸轮开关拨至“自动”位置，接着操作无功补偿控制器，让装置LED切换至“AXXX”状态，当电容投切稳定后，记录无功自动补偿装置上显示的功率因数即补偿后功率因数于表5-13中。

表5-13　自动投切电容组实验数据记录表

初始功率因数	补偿后功率因数

五、实验报告

(1)阐述无功自动补偿控制器的功能及无功补偿计算公式。

(2)比较手动补偿与自动补偿的优缺点。

实验六

SCADA 监控

一、实验目的

(1)了解 SCADA 功能的概念。

(2)掌握本装置的监控软件的各个操作。

二、实验内容

监控软件的各个操作。

三、实验原理

在电力系统中,SCADA(Supervisory Control And Data Acquistion,监视控制和数据采集功能)系统应用最为广泛,技术发展也最为成熟。它作为能量管理系统(EMS 系统)的一个最主要的子系统,有着信息完整、提高效率、正确掌握系统运行状态、加快决策、能帮助快速诊断出系统故障状态等优势,现已经成为电力调度不可缺少的工具。它对提高电网运行的可靠性、安全性与经济效益,减轻调度员的负担,实现电力调度自动化与现代化,提高调度的效率和水平方面有着不可替代的作用。

配电网 SCADA 的基本监控对象有以下内容。

(1)监视向配电网供电的变电站 10 kV 出线。

对配电线路而言,变电站的 10 kV 出线就是线路的“电源”,对于 10 kV 出线主要以监视为主,监视内容包括出线的有功功率、无功功率、三相电流、三相电压、功率因数等。

(2)10 kV 线路的监控。

10 kV 线路的负荷开关、联络开关可安装馈线远方终端单元,开关本身应该具有电动操动机构,并可实现远方控制。监视内容包括开关状态、三相电流、三相电压、有功功率、无功功率、故障电流等。控制内容主要是负荷开关、联络开关的遥控操作。

四、实验步骤

1. 接线

(1)检查控制柜上的变压器负载调整方式转换开关应置于“正常”位置;否则会损坏设备。

(2)检查 5 个航空电缆线分别一一对接,并且接线牢固、无松动。

(3)检查通信线一端接到控制屏上,另一端通过 RS485 转 RS232 转换接口接到计算机的串口上,接线分别一一对应。

(4)根据图 5-8 和表 5-14 对微机线路保护装置进行接线,根据图 5-9 和表 5-15 对微机变压器保护装置进行接线,再根据图 5-10、图 5-11 和表 5-16 对备自投保护装置进行接线。

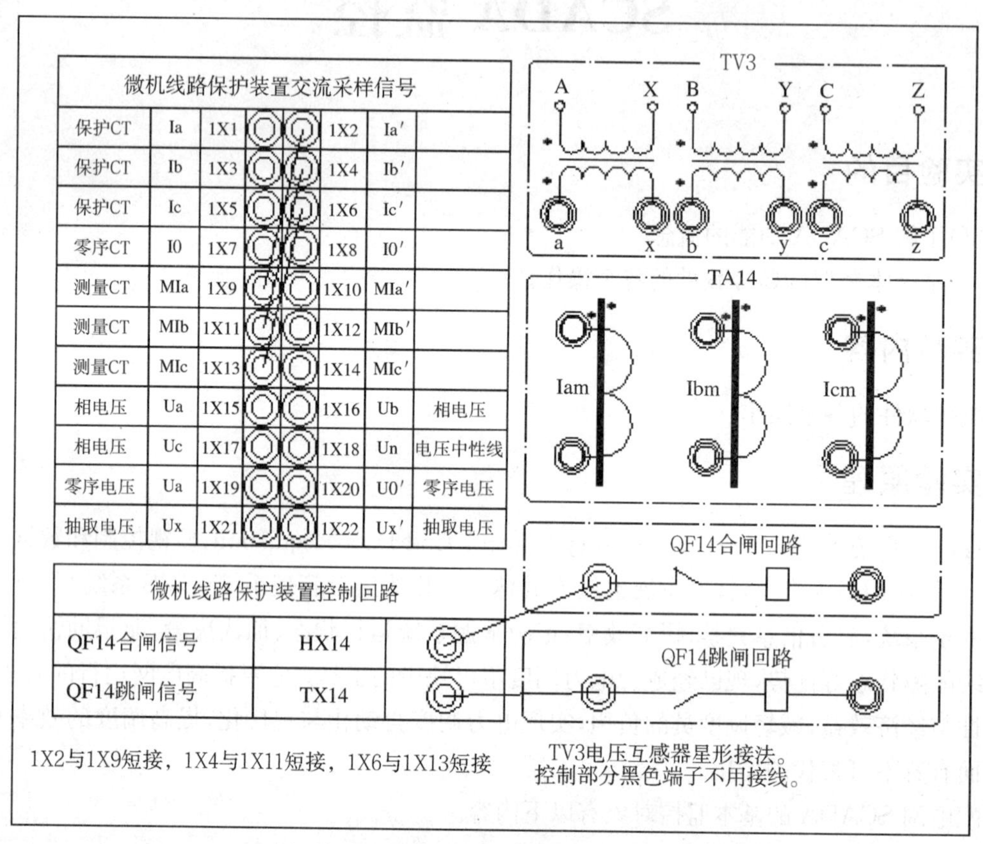

图 5-8 微机线路保护装置接线图及对照表

表 5-14 微机线路保护装置交流采样信号接线对照表

互感器接线端子		微机保护装置采样信号	互感器接线端子		微机保护装置采样信号
TV3	a	1X15	TA14	Iam*	1X1
	b	1X16		Ibm*	1X3
	c	1X17		Icm*	1X5
	x,y,z	1X18		Iam	1X10
				Ibm	1X12
				Icm	1X14

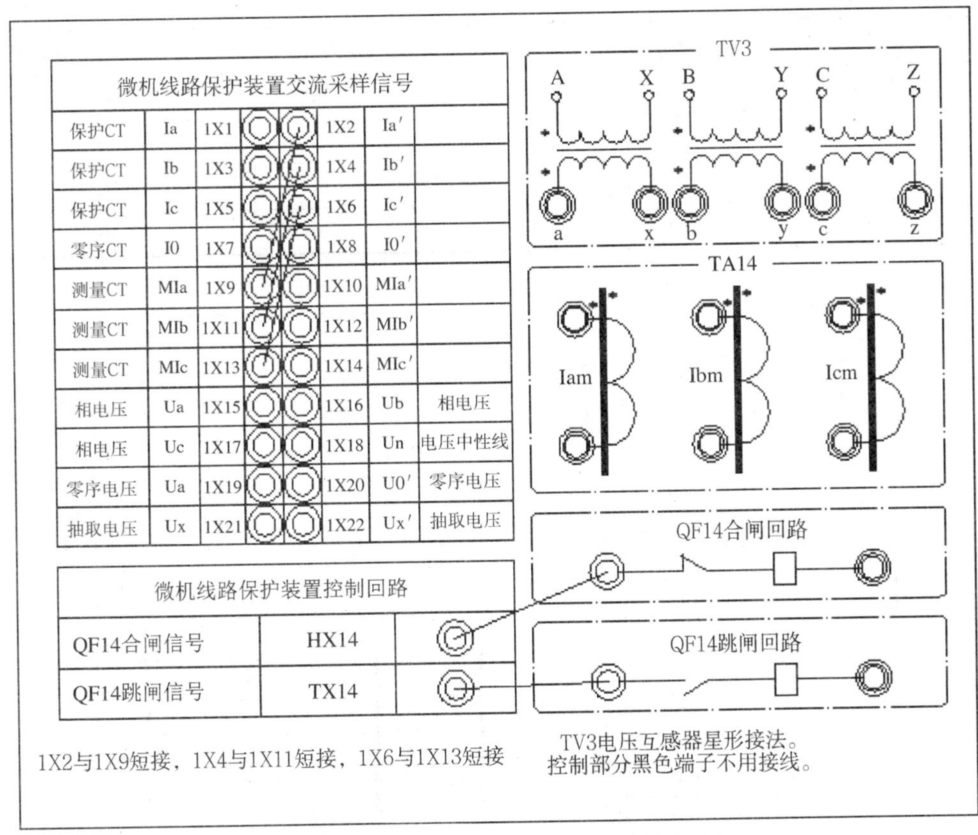

图 5-9　微机变压器保护装置接线图及对照表

表 5-15　微机变压器保护装置交流采样信号接线对照表

互感器接线端子		微机保护装置采样信号	互感器接线端子		微机保护装置采样信号
TA13	Iam*	1X1	TA21	Iam*	1X17
	Iam	1X2		Iam	1X18
	Ibm*	1X3		Ibm*	1X19
	Ibm	1X4		Ibm	1X20
	Icm*	1X5		Icm*	1X21
	Icm	1X6		Icm	1X21

表 5-16　备自投装置交流采样信号接线对照表

互感器接线端子		备自投装置采样信号	互感器接线端子		备自投装置采样信号
TV5	a	10UL11	TV6	a	10UL21
	b	10UL12		b	10UL22
	c	10UL13		c	10UL23

续表

互感器接线端子		备自投装置采样信号	互感器接线端子		备自投装置采样信号
TA21	Iam*	10IL11*	TA22 TV6	Iam*	10IL21*
	Iam	10IL11		Iam	10IL21
	Icm*	10IL12*		Icm*	10IL22*
	Icm	10IL12		Icm	10IL22

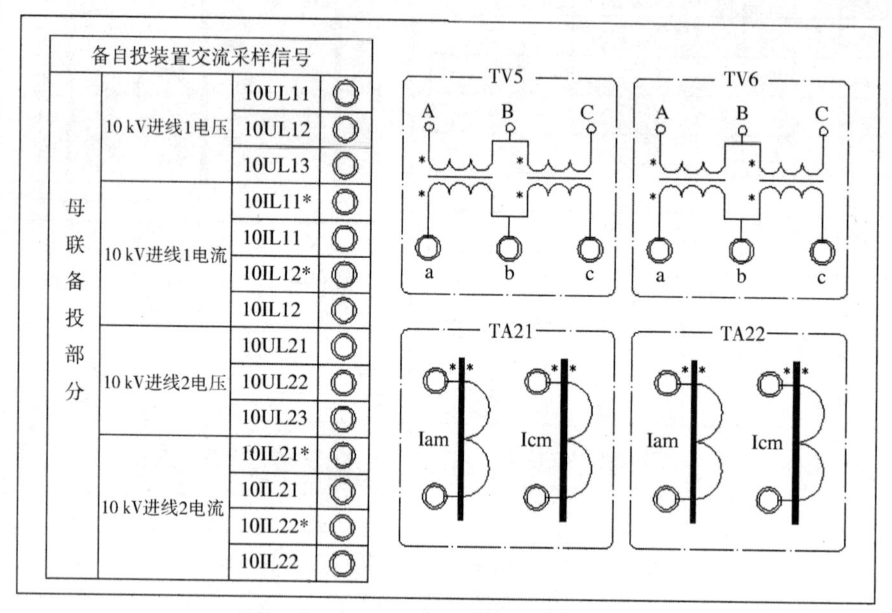

图 5-10　备自投装置交流采样信号接线图

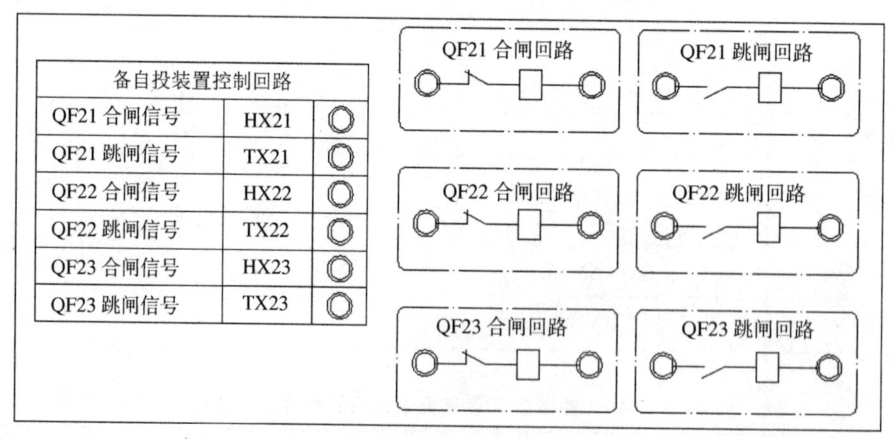

图 5-11　备自投装置控制回路接线图

备自投装置控制回路部分：只需将相应的信号引入到控制回路中即可(黑色接线柱上不用引线)。

2. 上电

(1)先把无功补偿装置下方的凸轮开关旋至“自动”位置。

(2)依次合上 QS111、QS113、QF11、QS115、QS213、QF13、QF21、QS214、QS215、QF24、QS216、QF25,这时一号车间变电所和二号车间变电所均得电,即光字牌亮。

(3)再合上 QS211、QF22、QS217、QF26、QS218,这时再把电动机投退负载方式旋转至“满载”位置,电动机起动方式旋至“变频”位置,这时再合上 QF27,再按下“起动”按钮,此时电动机起动。

3. 上位机软件操作

打开 THSPGC-1BB 型工厂供配电技术实训系统监控软件,根据软件使用说明书把软件的所有功能均操作一次,深入了解 SCADA 监控的功能及含义。

五、实训报告

试阐述 SCADA 的含义及功能。

第六章　继电保护实验

实验一

电磁型电流继电器实验

一、实验目的

(1)熟悉 DL 型电流继电器的实际结构、工作原理、基本特性。

(2)掌握动作电流值及其相关参数的整定方法。

二、实验内容

DL 型电流继电器的动作电流值及其相关参数的整定。

三、实验原理

DL-20C 系列电流继电器是用于反映发电机、变压器及输电线路短路和过负荷的继电保护装置,是瞬时动作的电磁式继电器,当电磁铁线圈中通过的电流达到或超过整定值时,衔铁克服反作用力矩而动作,且保持在动作状态。

过电流继电器:当电流升高至整定值(或大于整定值)时,继电器立即动作,其常开触点闭合,常闭触点断开。

电流继电器的铭牌刻度值是指电流继电器两线圈串联时标注的指示值等于整定值,若继电器两线圈作并联时,则整定值为指示值的 2 倍。转动刻度盘上指针,以改变游丝的作用力矩,从而改变继电器动作值。

四、实验步骤

实验接线如图 6-1 所示。实验参数电流值可用单相自耦调压器、变流器、变阻器等设备进行调节。

1. 电流继电器的动作电流和返回电流测试

(1)选择 ZB11 继电器组件中的 DL-24C/6 型电流继电器,确定动作值并进行初步整定。本实验整定值为 2 A 及 4 A 的两种工作状态,见表 6-1。

(2)根据整定值要求对继电器线圈确定接线方式(串联或并联)。

(3)按图 6-1 所示接线,检查无误后,调节自耦调压器及变阻器,增大输出电流,使继电器动作。读取能使继电器动作的最小电流值,即使常开触点由断开变成闭合的最小电流,记入表 6-1 中;动作电流用 I_{dj}表示。继电器动作后,反向调节自耦调压器及变阻器来降低输出电

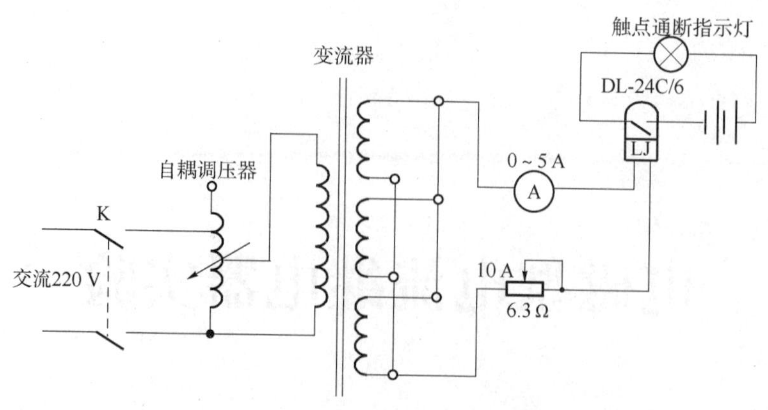

图 6-1　电流继电器实验接线

流，使触点开始返回至原来位置时的最大电流称为返回电流，用 I_{fj} 表示，读取此值并记入表 6-1 中，然后计算返回系数；继电器的返回系数是返回电流与动作电流的比值，用 K_f 表示，即

$$K_f = \frac{I_{fj}}{I_{dj}} \tag{6-1}$$

2. 返回系数和动作值的调整

返回系数不满足要求时应予以调整。调整方法有调整舌片的起始角和终止角、变更舌片两端的弯曲程度以改变舌片与磁极间的距离、适当调整触点压力 3 种方法。

表 6-1　电流继电器实验数据记录表

整定电流 I/A	2			继电器两线圈的接线方式选择为：	4			继电器两线圈的接线方式选择为：
测试序号	1	2	3		1	2	3	
实测动作电流 I_{dj}/A								
实测返回电流 I_{fj}/A								
返回系数 $K_f=I_{fj}/I_{dj}$								
求每次实测动作电流与整定电流的误差/%								

五、实验报告

针对过电流实验要求及相应的动作值、返回值、返回系数的具体整定方法，完成电流继电器数据处理，并写出本次实验的体会。

实验二

电压继电器实验

一、实验目的

(1)熟悉 DY 型电压继电器的实际结构、工作原理、基本特性。

(2)掌握动作电压值及其相关参数的整定方法。

二、实验内容

DY 型电压继电器的动作电压值及其相关参数的整定。

三、实验原理

DY-20C 系列电压继电器是用于反映发电机、变压器及输电线路的电压升高(过电压保护)或电压降低(低电压起动)的继电保护装置。

上述继电器是瞬时动作的电磁式继电器,当电磁铁线圈的电压达到或超过(减小到)整定值时,衔铁克服反作用力矩而动作,且保持在动作状态。

过电压继电器:当电压升高至整定值(或大于整定值)时,继电器立即动作,其常开触点闭合,常闭触点断开。

低电压继电器:当电压降低至整定电压时,继电器立即动作,常开触点断开,常闭触点闭合。

继电器的铭牌刻度值是指电压继电器两线圈并联时标注的指示值等于整定值,若继电器两线圈作串联时,则整定值为指示值的 2 倍。转动刻度盘上指针,以改变游丝的作用力矩,从而改变继电器动作值。

四、实验步骤

1. 整定点的动作值、返回值及返回系数测试

实验接线图 6-2、图 6-3 分别为过(低)电压继电器的实验接线。

1)过电压继电器的动作电压和返回电压测试

选择 ZB15 型继电器组件中的 DY-28C/160 型过电压继电器,确定动作值并进行初步整定。

根据整定值要求确定继电器线圈的接线方式。

按图 6-2 所示接线。检查无误后,调节自耦调压器,分别读取能使继电器动作的最小电压

U_{dj}及使继电器返回的最高电压U_{fj}，记入表 6-2 中，并计算返回系数K_f。返回系数的含义与电流继电器的相同。返回系数不应小于 0.8，当大于 0.95 时，也应进行调整。

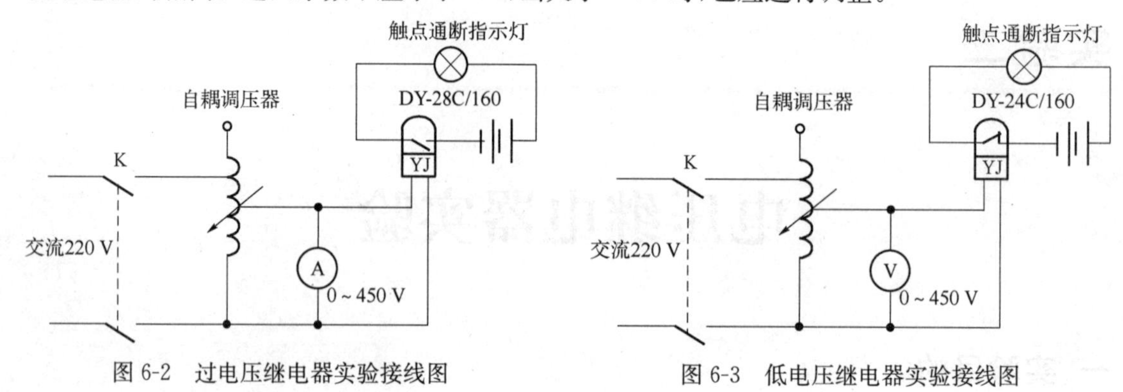

图 6-2　过电压继电器实验接线图　　图 6-3　低电压继电器实验接线图

2)低电压继电器的动作电压和返回电压测试

选择 DY-24C/160 型低电压继电器，确定动作值进行初步整定。

根据整定值要求确定继电器线圈的接线方式。

按图 6-3 所示接线，调节自耦调压器，增大输出电压，先对继电器加 100 V 电压，然后逐步降低电压，至继电器舌片开始跌落时的电压称为动作电压U_{dj}，再升高电压至舌片开始被吸上时的电压称为返回电压U_{fj}，将所取得的数值记入表 6-2 中，并计算返回系数。返回系数K_f为

$$K_f = \frac{U_{fj}}{U_{dj}} \tag{6-2}$$

表 6-2　电压继电器实验数据记录表

继电器种类				过电压继电器	低电压继电器			
整定电压U/V				继电器两线圈的接线方式选择为：				继电器两线圈的接线方式选择为：
测试序号	1	2	3		1	2	3	
实测动作电压U_{dj}/V								
实测返回电压U_{fj}/V								
返回系数$K_f=U_{fj}/U_{dj}$								
求每次实测动作电压与整定电压的误差/%								

2. 返回系数和动作值的调整

返回系数不满足要求时应予以调整。调整方法有调整舌片的起始角和终止角、变更舌片两端的弯曲程度以改变舌片与磁极间的距离、适当调整触点压力 3 种方法。

五、实验报告

针对过电压、低电压继电器实验要求及相应动作值、返回值、返回系数的具体整定方法，完成电压继电器数据处理，并写出本次实验的体会。

实验三

电磁型时间继电器实验

一、实验目的

(1)熟悉 DS-20 系列时间继电器的实际结构、工作原理、基本特性。

(2)掌握时限的整定和实验调整方法。

二、实验内容

DS-20 系列时间继电器时限的整定和实验调整方法。

三、实验原理

DS-20 系列时间继电器用于各种继电保护线路中,使被控元件按时限控制原则进行动作。当加电压于线圈两端时,衔铁克服塔形弹簧的反作用力被吸入,瞬时常开触点闭合,常闭触点断开,同时延时机构开始起动,先闭合滑动常开主触点,再延时后闭合终止常开主触点,从而得到所需延时。当线圈断电时,在塔形弹簧作用下,使衔铁和延时机构立刻返回原位。从电压加于线圈的瞬间起到延时闭合常开主触点止,这段时间就是继电器的延时时间,可通过整定螺钉来移动静触点位置进行调整,并由螺钉下的指针在刻度盘上指示要设定的时限。

四、实验步骤

1. 内部结构检查

(1)观察继电器内部结构,检查各零件是否完好,各螺钉固定是否牢固,焊接质量及线头压接应保持良好。

(2)衔铁部分检查。手按衔铁使其缓慢动作时应无明显摩擦,放手后靠塔形弹簧返回应灵活自如;否则应检查衔铁在黄铜套管内的活动情况,塔形弹簧在任何位置不许有重叠现象。

(3)时间机构检查。当衔铁压入时,时间机构开始走动,在到达刻度盘终止位置,即触点闭合为止的整个动作过程中应走动均匀,不得有忽快忽慢、跳动或中途卡住现象,如发现上述不正常现象,应先调整钟摆轴承螺钉,若无效可在教师指导下将钟表机构解体检查。

(4)触点检查。当用手压入衔铁时,瞬时转换触点中的常闭触点应断开,常开触点应闭合。动触点和静触点应清洁无变形或烧损;否则应打磨修理。

2. 动作电压、返回电压测试

实验接线如图 6-4 所示，选用 ZB13 挂箱的 DS-23 型时间继电器，整定范围为 2.5～10 s。

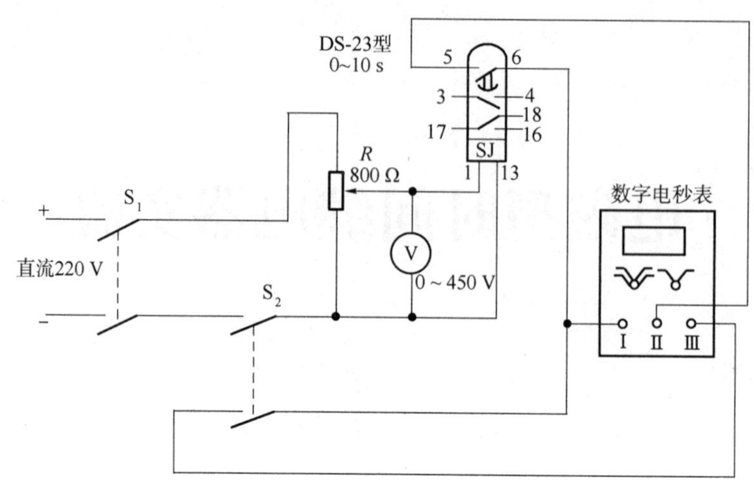

图 6-4　时间继电器实验接线图

1）动作电压 U_d 的测试

按图 6-4 所示接好线，将可变电阻 R 置于输出电压最小位置，合上 S_1 及 S_2，调节可变电阻 R 使输出电压由最小位置慢慢地升高到时间继电器的衔铁完全被吸入为止，可变电阻 R 保持不变，断开开关 S_1，然后迅速合上开关 S_1，以冲击方式使继电器动作，如不能动作，再调整可变电阻 R，增大输出电压，用冲击方式使继电器衔铁瞬时完全被吸入的最低冲击电压即为继电器的最低动作电压 U_d，断开开关 S_1，将动作电压 U_d 填入表 6-3 内。U_d 应不大于 70%U_{ed}（154V）。

2）返回电压 U_f 的测试

合上 S_1、S_2，加大电压至额定值 220 V，然后渐渐地调节可变电阻 R 降低输出电压，使电压降低到触点开启，即继电器的衔铁返回到原来位置的最高电压即为 U_f，断开开关 S_1，将 U_f 填入表 6-3 内。应使 U_f 不低于 0.05 倍额定电压（11 V）。

若动作电压过高，则检查返回弹簧力是否过强、衔铁在黄铜套管内摩擦是否过大、衔铁是否生锈或有污垢、线圈是否有匝间短路现象。

若返回电压过低，则应检查摩擦是否过大、返回弹簧力是否过弱。

3. 动作时间测定

按图 6-4 接好线后，将继电器定时标度放在较小刻度上（如 DS-23 型可整定在 2.5 s）。合上开关 S_1、S_2，调节可变电阻器 R，使加在继电器上的电压为额定电压 U_{ed}（本实验所用时间继电器额定电压为直流 220 V），拉开 S_2，合上数字电秒表工作电源开关，并将数字电秒表复位，然后投入 S_2，使继电器与数字电秒表同时起动，继电器动作后经一定时限，触点 5、6 闭合。将数字电秒表控制端“Ⅰ”和“Ⅱ”短接，秒表停止计数，此时数字电秒表所指示的时间就是继电器的延时时间，把测得数据填入表 6-3 中，每一整定时间刻度应测定 3 次，取 3 次平均值作为该刻度的动作值。然后将定时标度分别置于中间刻度 5 s、7.5 s 及最大刻度 10 s 上，按上述方法各重复 3 次，求平均值。

表 6-3　时间继电器实验数据记录表

<table>
<tr><td>继电器铭牌
记录</td><td colspan="2">内部结构
检查记录</td><td colspan="4"></td></tr>
<tr><td rowspan="6">额定电压：
整定范围：
制造厂：
出厂年月：
号码：</td><td rowspan="6">特性
实验
记录</td><td>动作电压
______ V</td><td>为额定电压的
______%</td><td colspan="2">返回电压
______ V</td><td>为额定电压的
______%</td></tr>
<tr><td>整定时间 t/s</td><td>2.5</td><td>5</td><td>7.5</td><td>10</td></tr>
<tr><td>第一次测试结果</td><td></td><td></td><td></td><td></td></tr>
<tr><td>第二次测试结果</td><td></td><td></td><td></td><td></td></tr>
<tr><td>第三次测试结果</td><td></td><td></td><td></td><td></td></tr>
<tr><td>平均值</td><td></td><td></td><td></td><td></td></tr>
</table>

为确保动作时间的精确测定，合上数字电秒表电源开关后应稍停片刻，然后再合 S_2。秒表上的工作选择开关 K 应置于“连续”状态。

五、实验报告

结合时间继电器的各项测试内容及时限整定的具体方法，完成时间继电器数据处理，并写出本次实验的体会。

实验四

组合型信号继电器实验

一、实验目的

(1)熟悉和掌握 DXM-2A 型信号继电器的工作原理、实际结构、基本特性。

(2)工作参数和释放参数的测试方法。

二、实验内容

DXM-2A 型信号继电器的工作参数和释放参数的测试。

三、实验原理

DXM-2A 型信号继电器适用于直流操作的继电保护线路和自动控制线路中作远距离复归的动作指示。

继电器由密封干簧接点、工作绕组、释放绕组、自锁磁铁和指示灯等组成。横截面结构示意图如图 6-5 所示。

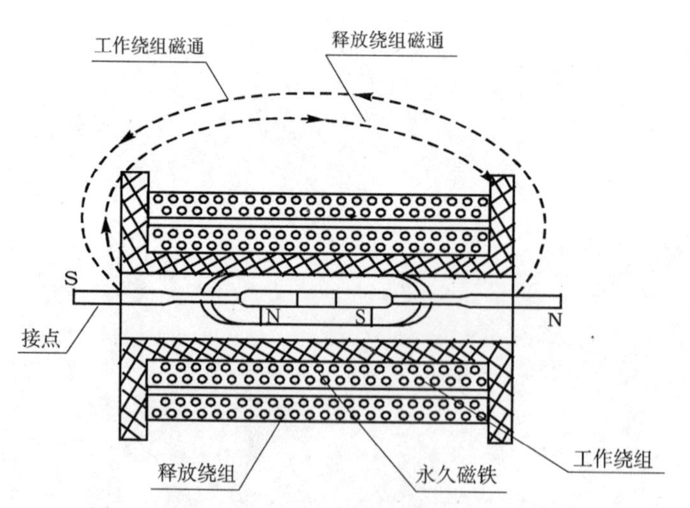

图 6-5　DXM-2A 型信号继电器横截面结构示意图

当继电器工作绕组的端子①—⑥加入电流(或电压)时(见图 6-6),线圈所产生的磁场作用在簧片两端的磁通极性与放置在线圈内的永久磁铁极性相同,两磁通叠加,使触点闭合,信号指示灯亮。在工作绕组断电后触点借永久磁铁的作用进行自保持；当在释放绕组④—⑨二端间加入电压时，所产生的磁场作用在触点簧片两端的磁通与磁铁极性相反，两磁通相互抵消，使触点返回原位，指示灯灭。

四、实验步骤

(1)观察 DXM-2A 型信号继电器的结构和内部接线，该继电器有以下特点：

①采用干簧触点代替普通青铜接触片。

②用磁力自保持代替机械自保持。

③用灯光指示代替信号掉牌指示。

④可以远距离复归。

用 1 000 V 兆欧表测试全部端子对铁支架的绝缘电阻应不小于 50 MΩ。工作绕组与释放绕组间的绝缘电阻不小于 10 MΩ。绕组对触点的绝缘电阻应不小于 50 MΩ，并将测得数据填入表 6-4 中。

(2)动作电流(电压)和释放电压测试。

电流(电压)起动信号继电器实验接线分别如图 6-6 和图 6-7 所示。

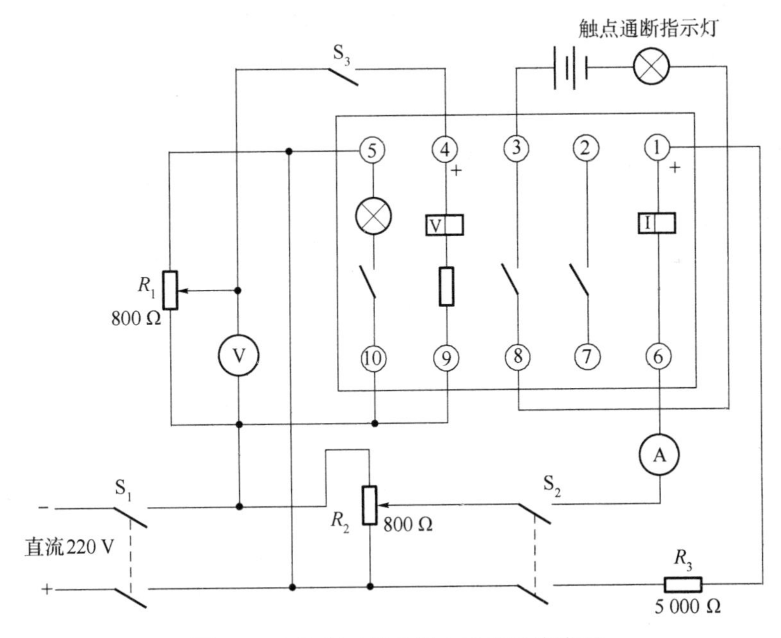

图 6-6　电流起动信号继电器实验接线图

接线时应注意工作线圈和释放线圈的极性，端子①为工作绕组正极性端子，端子④为释放线圈的正极性端子，接好线经指导教师检查后方可合上开关 S_1 及 S_2，慢慢调整可变电阻 R_2 加大输出电流(或电压)直至继电器动作，指示灯亮，此时电流表(或电压表)指示值即为继电器的动作值，填入表 6-4 中，对于电流起动继电器的动作值不应超过额定电流；电压起动继电器的动作值不应超过额定电压。然后断开开关 S_2，切断工作绕组电源，继电器触点应保持在动作位置。

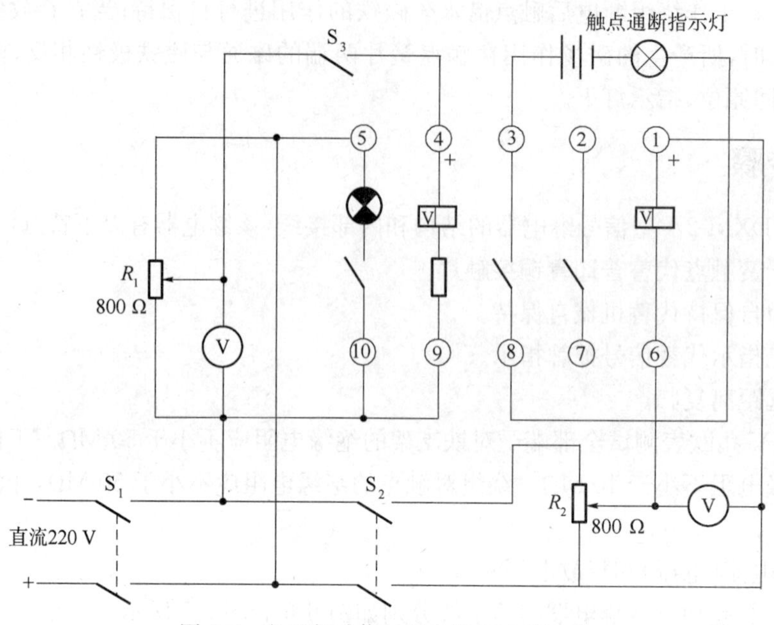

图 6-7 电压起动信号继电器实验接线图

合上 S_3，调整可变电阻 R_1 加大输出电压使继电器触点断开，指示灯灭，读取电压表指示值，即为继电器的释放电压，填入表 6-4 中，继电器的释放电压不应超过 70%的额定电压。

表 6-4 信号继电器实验数据记录表

<table>
<tr><td colspan="2">名牌数据</td><td colspan="4">实验记录</td></tr>
<tr><td>型号</td><td></td><td colspan="3">工作绕组直流电阻</td><td>释放绕组直流电阻</td></tr>
<tr><td>工作绕组额定值</td><td></td><td colspan="3">________ Ω</td><td>________ Ω</td></tr>
<tr><td>释放绕组额定值</td><td></td><td colspan="3">动作值________ A(V)</td><td>为额定值的________%</td></tr>
<tr><td>工作绕组电阻/Ω</td><td></td><td colspan="3">释放值________ V</td><td>为额定值的________%</td></tr>
<tr><td>释放绕组电阻/Ω</td><td></td><td rowspan="4">绝缘电阻</td><td>编号</td><td>测试项目</td><td>电阻值/MΩ</td></tr>
<tr><td>制造厂</td><td></td><td>1</td><td></td><td></td></tr>
<tr><td>继电器编号</td><td></td><td>2</td><td></td><td></td></tr>
<tr><td colspan="2"></td><td>3</td><td></td><td></td></tr>
</table>

五、实验报告

结合电流起动型和电压起动型两种信号继电器的具体测试方法，完成信号继电器数据处理，并写出本次实验的体会。

实验五

中间继电器实验

一、实验目的

(1)熟悉中间继电器的实际结构、工作原理、基本特性。

(2)掌握对各类中间继电器的测试和调整方法。

二、实验内容

各类中间继电器的测试和调整方法。

三、实验原理

DZ-30B、DZB-10B、DZS-10B 系列中间继电器用于直流操作的各种继电保护和自动控制线路中,作为辅助继电器以增加触点数量和触点容量。

(1)DZ-30B 为电磁式瞬时动作继电器。电压加在线圈两端,衔铁向闭合位置运动,此时常开触点闭合,常闭触点断开。断开电源时,衔铁在接触片的反弹力作用下,返回到原始状态,常开触点断开,常闭触点闭合。

(2)DZB-10B 系列是具有保持绕组的中间继电器,它基于电磁原理工作,按不同要求在同一铁芯上绕有两个以上的线圈,其中 DZB-11B、DZB-12B、DZB-13B 为电压起动、电流保持型;DZB-14B 为电流起动、电压保持型。该继电器为瞬时动作继电器。当动作电压(或电流)加在线圈两端时,衔铁向闭合位置运动,此时常开触点闭合,常闭触点断开,断开起动电源时,由于电压(或电流)保持绕组的磁场存在,所以衔铁仍然闭合,只有保持绕组断电后,衔铁在接触片的反弹力作用下才能返回到原始状态,常开触点断开,常闭触点闭合。

(3)DZS-10B 系列是带有时限的中间继电器,它基于电磁原理工作。继电器分为动作延时和返回延时两种,本系列中的 DZS-11B、DZS-13B 为动作延时,DZS-12B、DZS-14B 为返回延时继电器。在这种继电器线圈的上面或下面装有阻尼环,当线圈通电或断电时,阻尼环中感应电流所产生的磁通会阻碍主磁通的增加或减少,由此获得继电器动作延时或返回延时。

四、实验步骤

1. 内部结构及触点检查

(1)触点应在正位接触,各对触点应同时接触同时离开。

(2)触点接触后应有足够的压力和共同的行程,使其接触良好。

(3)转换触点在切换过程中应能满足保护使用上的要求。

2. 线圈直流电阻测量

用电桥或万用表的电阻挡测量继电器线圈的直流电阻,将测得数值填入表 6-5 中。

3. 绝缘测试

用 1 000 V 兆欧表测试全部端子对铁芯的绝缘电阻应不小于 50 MΩ;各绕组间的绝缘电阻应不小于 10 MΩ;绕组对触点及各触点间的绝缘电阻应不小于 50 MΩ。将测得数据填入表 6-5 中。

4. 继电器动作值与返回值检验

实验接线如图 6-8 至图 6-11 所示。实验时调整可变电阻 R、R_1、R_2 逐步增大输出电压(或电流),使继电器动作,然后断开开关 S 或 S_1,再瞬间合上开关 S 或 S_1,看继电器能否动作,如不能动作,调节可变电阻加大输出电压(或电流)。在给继电器突然加入电压(或电流)时,使衔铁完全被吸入的最低电压(或电流)值,即为动作电压(电流)值,记入表 6-5 中。继电器的动作电压不应大于额定电压的 70%,动作电流不应大于其额定电流,出口中间继电器动作电压应为其额定电压的 50%~70%。

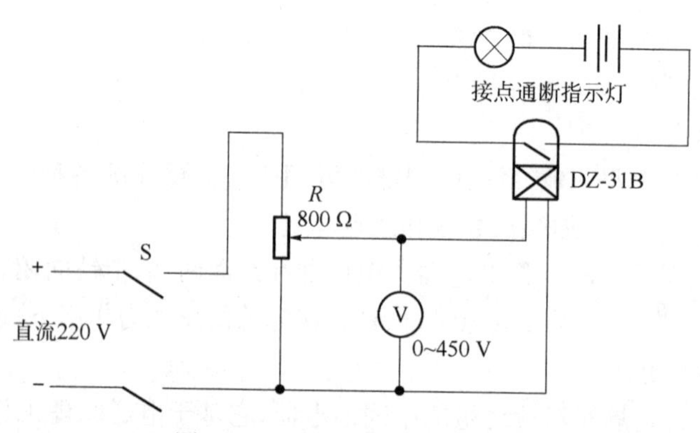

图 6-8　电压起动型实验接线图

然后调整可变电阻 R,减少电压(电流),使继电器的衔铁返回到原始位置的最大电压(电流)值即为返回值,记入表 6-5 中。对于 DZ-30B 及 DZS-10B 系列中间继电器,返回电压不应小于额定电压的 5%。对于 DZB-10B 系列中间继电器的返回电压(电流)值不应小于额定值的 2%。

5. 保持值测试

对于 DZB-10B 系列具有保持绕组的中间继电器,应测量保持线圈的保持值,实验接线如图 6-9 和图 6-10 所示。

实验时,先闭合开关 S_1、S_2,在动作线圈加入额定电压(电流)使继电器动作后,调整保持线圈回路的电流(电压),测出断开开关 S_2 后,继电器能保持住的最小电流(电压),即为继电器最小保持值,记入表 6-5 中。电流保持型线圈的最小保持值不应大于额定电流的 80%。电压保持型线圈的最小保持值不得大于额定电压的 65%。但也不得过小,以免返回不可靠。

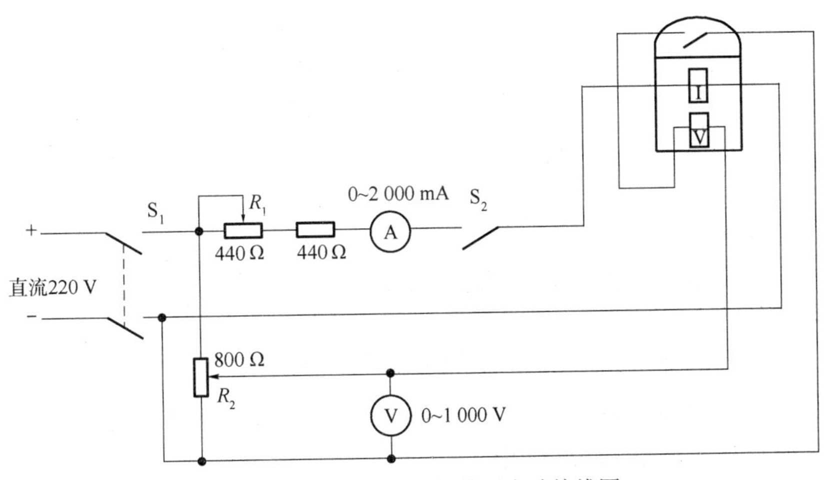

图 6-9 电流起动电压保持型实验接线图

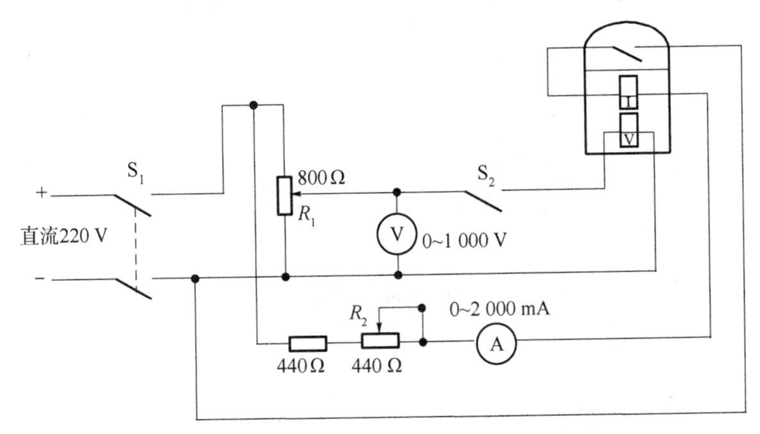

图 6-10 电压起动电流保持型实验接线图

继电器的动作、返回和保持值与其要求的数值相差较大时，可以调整弹簧的拉力或者调整衔铁限制机构，以改变衔铁与铁芯的气隙，使其达到要求。

继电器经过调整后，应重新测试动作值、返回值和保持值。

6. 极性检验

带有保持线圈的中间继电器，新安装或线圈重绕后应做极性检验，以判明各线圈的同极性端子。线圈极性可在保持值实验时判明，也可单独作极性实验予以判定。线圈极性应与制造厂所标极性一致。

7. 返回时间测定

测定返回时间的实验接线如图 6-11 所示。

按图 6-11 所示接好线，检查无误后合上开关 S，将数字电秒表复位，调整可变电阻 R，增大输出电压，使其达到被测继电器的额定电压，这时中间继电器 DZ-31B 的常闭触点 8、9 瞬时断开，中间继电器 DZS-12B 的常开触点 4、5 瞬时闭合，数字电秒表不计时。断开开关 S，两继电器失电，继电器 DZ-31B 的返回常闭触点 8、9 复位闭合，数字电秒表开始计时，经一定延时后，

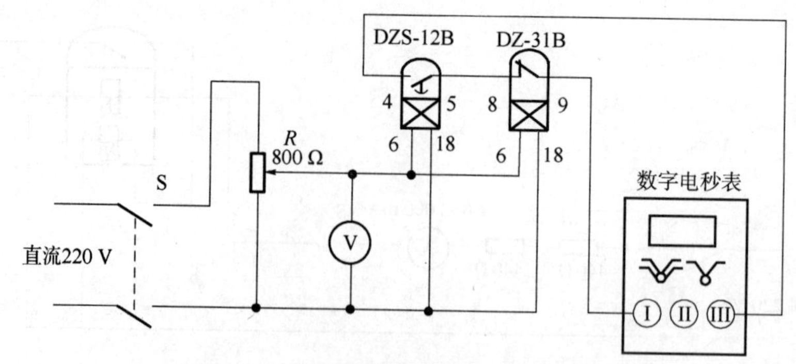

图 6-11　测定继电器返回时间实验接线图

中间继电器 DZS-12B 的常开触点断开，数字电秒表中止计时，此时数字电秒表所指示时间即为继电器的返回延时时间，记入表 6-5 中。

表 6-5　中间继电器实验数据记录表

<table>
<tr><td>继电器铭牌</td><td colspan="3">内部结构及触点检查</td><td></td></tr>
<tr><td rowspan="8">型号：
起动绕组额定值：
保持绕组额定值：
延时方式：
触点形式：
电源性质：
制造厂：
继电器编号：</td><td rowspan="8">电气特性实验</td><td colspan="2">起动绕组直流电阻______ Ω</td><td>保持绕组直流电阻______ Ω</td></tr>
<tr><td colspan="2">最小动作值______ V(A)</td><td>返回值______ V(A)</td></tr>
<tr><td colspan="2">最小保持值______ V(A)</td><td>极性</td></tr>
<tr><td colspan="2">动作延时时间______ s</td><td>返回延时时间______ s</td></tr>
<tr><td rowspan="4">绝缘电阻测定</td><td>起动绕组—保持绕组</td><td>______ MΩ</td></tr>
<tr><td>保持绕组—导磁体</td><td>______ MΩ</td></tr>
<tr><td>起动绕组—导磁体</td><td>______ MΩ</td></tr>
<tr><td>触点—导磁体</td><td>______ MΩ</td></tr>
<tr><td colspan="3">使用仪表器材：</td><td>结论</td><td></td></tr>
</table>

五、实验报告

针对实验中 4 种继电器的具体测试方法，完成各类中间继电器数据处理，并写出本次实验的体会。

实验六

DH-3 型三相一次重合闸装置实验

一、实验目的

(1)熟悉三相一次重合闸装置的电气结构和工作原理。

(2)理解三相一次重合闸装置内部器件的功能和特性,掌握其实验操作及调整方法。

二、实验内容

三相一次重合闸装置实验操作及调整方法。

三、实验原理

DH-3 型三相一次重合闸装置用于输电线路上实现三相一次自动重合闸,它是重要的保护设备。重合闸装置内部接线如图 6-12 所示。该装置由一只 DS-22 时间继电器(作为时间元件)、一只电码继电器(作为中间元件)及一些电阻、电容元件组成。装置内部的元件及其主要功用如下。

(1)时间元件 SJ。该元件由 DS-22 时间继电器构成,其延时调整范围为 1.2～5 s,用以调整从重合闸装置起动到接通断路器合闸线圈实现断路器重合闸的延时,时间元件有一对延时常开触点和一对延时滑动触点及两对瞬时切换触点。

(2)中间元件 ZJ。该元件由电码继电器构成,是装置的出口元件,用以接通断路器的合闸线圈。继电器线圈由两个绕组组成:电压绕组 ZJ(V),用于中间元件的起动;电流绕组 ZJ(I),用于在中间元件起动后使衔铁继续保持在合闸位置。

(3)电容器 C。用于保证装置只动作一次。

(4)充电电阻 $4R$。用于限制电容器的充电速度。

(5)附加电阻 $5R$。用于保证时间元件 SJ 的线圈热稳定性。

(6)放电电阻 $6R$。在需要实现分闸,但不允许重合闸动作(禁止重合闸)时,电容器上储存的电能经过它放电。

(7)信号灯 XD。在装置的接线中,监视中间元件的触点 ZJ_1、ZJ_2和控制按钮的辅助触点是否正常。故障发生时信号灯应熄灭,当直流电源发生中断时,信号灯也应熄灭。

(8)附加电阻 17R。用于降低信号灯 XD 上的电压。在输电线路正常工作的情况下,重合

闸装置中的电容器 C 经电阻 $4R$ 已经充足电，整个装置处于准备动作状态。当断路器由于保护动作或其他原因而跳闸时，断路器的辅助触点起动重合闸装置的时间元件 SJ，经过延时后触点 SJ_2 闭合，电容器 C 通过 SJ_2 对 ZJ(V)放电，ZJ(V)起动后接通了 ZJ(I)回路并自保持到断路器完成合闸。如果线路上发生的是暂时性故障，则合闸成功后电容器自行充电，装置重新处于准备动作的状态。如线路上存在永久性故障，此时重合闸不成功，断路器第二次跳闸，但这一段时间远远小于电容器充电到使 ZJ(V)起动所必需时间(15～25 s)，因而保证装置只动作一次。

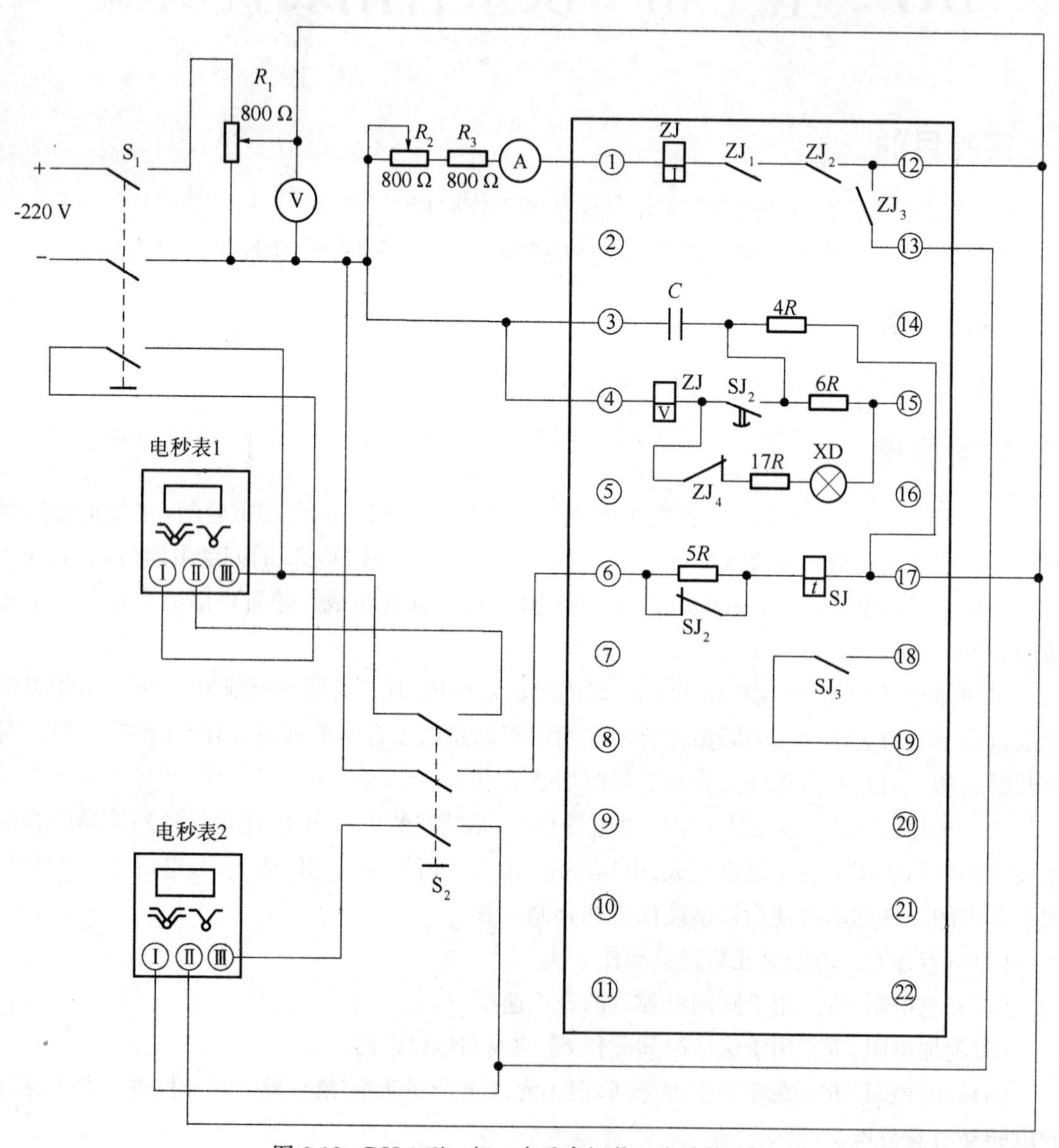

图 6-12 DH-3 型三相一次重合闸装置实验接线图

四、实验步骤

(1)按图6-12接线完毕后首先进行自检，然后请指导教师检查，确定无误后，接入直流操作电源进行调试。

(2)时间继电器动作电压、返回电压的测定。

①合上开关S_1，调节R_1使直流电压调至装置的额定值，检查各元件有无异常现象，投入后15～25 s指示灯应发光。

②合上S_1、S_2，调节R_1逐步提高输入电压，读取SJ铁芯可靠吸合的最小动作电压。

③上述SJ动作后，向反方向调节R_1，逐步降低输入电压，读取SJ返回的最高电压。

(3)中间元件的自保持电流测试。

①合上S_1后，调节R_1使电压等于装置的额定电压，用手按中间元件ZJ的衔铁，使常开触点闭合，调整R_2，使流过ZJ线圈的电流略低于0.9倍的额定电流时，然后将手松开，ZJ应能自保持。断开S_1，使ZJ复归。

②再合上S_1，待电容充电15～25 s后，投入S_2，使SJ线圈励磁，经过某一整定延时时间，ZJ动作并自保持，此时断开S_2，ZJ不应返回。

③重复上述步骤，调整R_2测出中间元件ZJ的最小保持电流。

(4)中间元件电压线圈的动作电压测定。

在重合闸继电器接线端子5与17之间连接一导线，合上S_1，调节R_1，从零伏逐渐升高电压，测出使中间元件衔铁能被可靠吸住的最小动作电压。一般对于额定电压为220 V的中间元件ZJ动作电压为50 V左右，本项测定完毕应拆除连接导线。

(5)充电时间的测定

仍按图6-12所示接线，在额定电压下合上S_1对C充电，经15～25 s后再投入S_2，中间元件ZJ应能可靠地动作并自保持。这时电秒表1所记录的时间即为充电时间。

重复测定充电时间时，应先断开S_1，后断开S_2，以保证电容器的放电状态，并将电秒表1回零，再重复以上操作，进行第二次实验。

如充电时间不符合要求，应检查充电电阻、电容器是否良好，是否参数变值，若变值需更换C或$4R$使之达到所需的充电时间。调整完毕，应再次测量中间元件的动作电压和自保持电流。

(6)保证只动作一次测定。

在额定电压下合上S_1，充电60 s后，瞬间短接3、15两端子，使电容器放电，然后合上S_2，此时中间元件不应动作。

(7)重合闸装置动作时间整定试验。

如图6-12所示先将S_1合上，观察电秒表1。当给电容器C充电25 s后，再合上S_2，此时电秒表2所记录的就是重合闸装置的动作时间。

五、实验报告

(1)将所有测试数据填入表6-6中。

(2)对重合闸继电器的动作特性、起动条件、实验操作进行总结,并写出本次实验的体会。

表 6-6　三相一次重合闸装置实验数据记录表

<table>
<tr><td colspan="2">名称</td><td colspan="2"></td><td colspan="2">额定电压</td><td></td></tr>
<tr><td colspan="2">型号</td><td colspan="2"></td><td colspan="2">额定电流</td><td></td></tr>
<tr><td rowspan="5">测试数据</td><td colspan="2">SJ 最小起动电压</td><td></td><td colspan="2">SJ 最高返回电压</td><td></td></tr>
<tr><td colspan="2">ZJ 最小动作电压</td><td></td><td colspan="2">ZJ 最小保持电流</td><td></td></tr>
<tr><td rowspan="3">C 充电时间</td><td>1</td><td></td><td rowspan="3">重合闸继电器
(ZCH)重合时间</td><td>1</td><td></td></tr>
<tr><td>2</td><td></td><td>2</td><td></td></tr>
<tr><td>3</td><td></td><td>3</td><td></td></tr>
</table>

参 考 文 献

[1] 陈珩．电力系统稳态分析[M]．第4版．北京：中国电力出版社，2015.
[2] 何仰赞，温增银．电力系统分析[M]．武汉：华中科技大学出版社，2016.
[3] 朱晓慧．电气控制技术[M]．北京：清华大学出版社，2017.
[4] 软毅，杨影，陈伯时．电力拖动自动控制系统—运动控制系统[M]．第5版．北京：机械工业出版社，2018.
[5] 刘玫．电机与拖动[M]．北京：机械工业出版社，2009.
[6] 程鹏．自动控制原理[M]．第2版．北京：高等教育出版社，2010.
[7] 刘建昌．计算机控制系统[M]．北京：科学出版社，2018.
[8] 郑大钟．线性系统理论[M]．北京：清华大学出版社，2002.
[9] 翁双安．供电工程[M]．北京：机械工业出版社，2015.
[10] 王兆安．电力电子技术[M]．第5版．北京：机械工业出版社，2010.
[11] 赫素敏．电气工程及其自动化专业实验[M]．北京：国防工业出版社，2007.
[12] 张晓峰，高斌．电气自动化实验教程[M]．北京：国防工业出版社，2010.
[13] 刘凤春．电机与拖动实验及学习指导[M]．第2版．北京：机械工业出版社，2017.